高等职业教育精品示范教材（电子信息类核心课程系列）

# 电子技术项目教程
# （Proteus 版）

主　编　郭志勇

中国水利水电出版社
www.waterpub.com.cn

## 内 容 提 要

本书是由参与过项目研发的学校骨干教师和高新企业的工程师共同编写而成。采用"项目驱动"的编写思路，从职业岗位技能出发，分为模拟电子技术篇和数字电子技术篇，共有 11 个项目 26 个工作模块。

在模拟电子技术篇中，以"手电筒照明电路"、"高亮度 LED 照明电路"、"直流稳压电源电路"、"LED 延时照明电路"、"火灾报警器"五个项目为主线，主要介绍电路分析基础知识、二极管及其应用、直流稳压电源电路构成及其原理、晶体管及其应用、集成运算放大电路及其应用等知识；在数字电子技术篇中，以"楼梯灯控制电路"、"数码显示电路"、"优先抢答器"、"球赛计分器"、"触摸式声光防盗报警器"、"温度检测电路"六个项目为主线，主要介绍逻辑代数基础知识、集成门电路、译码器、触发器、计数器、555 定时器、数模转换器、模数转换器等知识。

本书适合作为高职高专院校计算机应用技术、电子信息、机电等相关专业电子技术课程的教材，也可作为广大电子制作爱好者的自学用书。

**本书提供电子教案，读者可以从中国水利水电出版社及万水书苑网站上下载，网址为：**
**http://www.waterpub.com.cn/softdown/和 http://www.wsbookshow.com。**

### 图书在版编目（ＣＩＰ）数据

电子技术项目教程：Proteus版 / 郭志勇主编. --
北京：中国水利水电出版社，2014.9（2023.1 重印）
高等职业教育精品示范教材. 电子信息类核心课程系列
ISBN 978-7-5170-2405-7

Ⅰ．①电… Ⅱ．①郭… Ⅲ．①电子技术－高等职业教育－教材②单片微型计算机－系统仿真－应用软件－高等职业教育－教材 Ⅳ．①TN②TP368.1

中国版本图书馆CIP数据核字(2014)第199683号

策划编辑：祝智敏　　　责任编辑：赵佳琦　　　封面设计：李　佳

| 书　　　名 | 高等职业教育精品示范教材（电子信息类核心课程系列）电子技术项目教程（Proteus 版） |
|---|---|
| 作　　　者 | 主　编　郭志勇 |
| 出版发行 | 中国水利水电出版社<br>（北京市海淀区玉渊潭南路 1 号 D 座　100038）<br>网址：www.waterpub.com.cn<br>E-mail：mchannel@263.net（答疑）<br>　　　　sales@mwr.gov.cn<br>电话：（010）68545888（营销中心）、82562819（组稿） |
| 经　　　售 | 北京科水图书销售有限公司<br>电话：（010）68545874、63202643<br>全国各地新华书店和相关出版物销售网点 |
| 排　　　版 | 北京万水电子信息有限公司 |
| 印　　　刷 | 三河市鑫金马印装有限公司 |
| 规　　　格 | 184mm×240mm　16 开本　16 印张　354 千字 |
| 版　　　次 | 2014 年 9 月第 1 版　2023 年 1 月第 3 次印刷 |
| 印　　　数 | 4001—5000 册 |
| 定　　　价 | 42.00 元 |

# 前　言

　　《电子技术项目教程（Proteus 版）》是根据教育部高等院校教育指导思想，由中国水利水电出版社组织出版，可作为高职高专院校计算机应用技术、电子信息、机电等相关专业电子技术课程的教材，也可作为广大电子制作爱好者的自学用书。

　　本书主要突出技能培养在课程中的主体地位，用工作任务来引领理论，使理论从属于技能实践。主要特色如下：

　　**1.采用"任务驱动"的编写思路，突出技能培养在课程中的主体地位。** 采用"任务驱动"，以解决实际任务的思路和操作为编写主线，连贯多个知识点，用工作任务来引领理论，突出职业岗位的技能训练，使教学从属于技能培养。

　　**2.以就业为导向，注重职业岗位的基本技能培养。** 贴近企业职业岗位实际需求，采用了企业真实的工作任务，注重职业岗位的基本技能、开发技能训练，强化学生技能培养。

　　**3.既适合教学，又符合企业实际工作需要。** 注重采用企业真实工作任务、贴近企业职业岗位实际需求。在拉近电子技术教学与职业岗位需求距离的同时，还兼顾知识的系统性和完整性，使本书既适合教学，又符合企业实际工作需要。

　　**4.项目导入，全新的仿真教学模式。** 打破了传统教材原有界限，和职业岗位基本技能融为一体。引入 Proteus 仿真软件，采用项目导入，使学生从电子产品复杂的硬件结构中解放出来，实现了在计算机上一气呵成完成电子应用电路设计、调试与仿真，使学生理解和掌握从设计到产品的完整过程。

　　**5.教学资源丰富，提供教学支持及服务。** 课程教学网站提供多种支持及服务：电子教案、课件、仿真电路、题库、技能大赛作品、学生作品、课程设计、校企合作资源及相关其他素材等。

　　本书是由参与过项目研发的学校骨干教师和高新企业工程师共同编写而成。采用"项目驱动"的编写思路，从职业岗位技能出发，分为模拟电子技术篇和数字电子技术篇，共有 11 个项目 26 个工作模块。

在模拟电子技术篇中，以"手电筒照明"、"高亮度 LED 照明电路"、"直流稳压电源电路"、"LED 延时照明电路"、"火灾报警器"五个项目为主线，主要介绍电路分析基础知识；二极管及其应用、直流稳压电源电路构成及其原理、晶体管及其应用、集成运算放大电路及其应用等知识；在数字电子技术篇中，以"楼梯灯控制电路"、"数码显示电路"、"优先抢答器"、"球赛计分器"、"触摸式声光防盗报警器"、"温度检测电路"六个项目为主线，主要介绍逻辑代数基础知识、集成门电路、译码器、触发器、计数器、555 定时器、数模转换器、模数转换器等知识。

郭志勇对本书的编写思路与大纲进行了总体规划，指导全书的编写，承担全书项目连贯性及统稿工作。项目 1、项目 5 和项目 7 由郭志勇编写，项目 3、项目 8 和项目 9 由张留忠编写，项目 2、项目 4 和项目 10 由李自成编写，项目 6 由朱钰铧编写，项目 11 由郭雨编写。

为方便教师教学，本书配有电子教学课件、习题参考答案和 Proteus 仿真电路。读者既可以通过出版社网站，也可以通过课程教学网站，获得教材上技能训练、技能拓展、问题与讨论所有仿真电路，以及学生的实训项目、课程设计项目作品和技能大赛作品。

由于时间紧迫和编者水平有限，书中难免会有错误和不妥之处，敬请广大读者和专家批评指正。

编　者
2014 年 6 月

$$\text{II}$$

# 目　录

# 数字电子技术篇

# 1

# 手电筒照明电路设计与实现

### 教学目标

**终极目标**

    能完成手电筒仿真电路的设计，能应用电路的基本知识，完成手电筒电路分析、电源选择以及手电筒组装和维修。

**促成目标**

1. 掌握电路的基本物理量；
2. 掌握电路的基本定律；
3. 掌握电路的三种工作状态；
4. 会进行电源、电阻的识别与检测。

## 1.1 工作模块1 手电筒照明电路设计

工作任务

    使用干电池、开关和灯泡等元件实现手电筒照明电路。干电池提供3V直流电压，闭合开关点亮灯泡。

### 1.1.1　认识手电筒

手电筒是用于照明的一种手持式电子照明工具（也称为移动照明工具）。虽然是相当简单的设计，但一直迟至 19 世纪末期才被发明，因为它必须借助电池与电灯泡的发明。

1.　手电筒发展

移动照明工具经历过无数的变革，从火把、油灯、蜡烛、煤油灯到白炽灯泡手电、氙气灯泡手电，到现在 21 世纪琳琅满目的 LED 手电等。手电筒发展历程主要经历了四代。

第一代手电：俗称"老式手电"，灯泡一般采用钨丝白炽灯泡，发光效率低，使用寿命较短，易被烧坏。电池采用大号碱性电池，但续航能力不高。手电的外壳为表面电镀的铁皮，轻质但工艺简单。

第二代手电：无论在性能还是外观方面都有了全新的突破。第二代手电的一个典型代表是采用氙气灯泡+碱性电池，灯泡寿命更长，电池续航时间更持久。以铝合金作为外壳材料，表面采用氧化处理工艺，工艺精细，外观精美，色彩丰富，质感颇佳。

第三代手电：最主要的特征是采用了 LED 灯泡，由于 LED 本身结构的原因，色温达到了前所未有的高度，接近甚至超过白光的色温，功耗更低，可靠性更好。发光模式亦首次出现在手电上，深受用户欢迎。

第四代手电：是全新一代手电——智能手电，将传统手电调光技术与 IT 技术相结合，内置开放式可编程智能控制芯片，用户可通过专用软件定制个性化的手电发光模式。

2.　手电筒组成

一个典型的手电筒由一个经由电池供电的灯泡和聚焦反射镜，以及供手持用的手把式外壳构成。典型的手电筒组成如图 1-1 所示。

图 1-1　典型的手电筒组成图

### 1.1.2　用 Proteus 设计手电筒照明电路

1.　手电筒照明电路设计

Proteus 是由英国 Labcenter Electronics 公司开发的 EDA 工具软件，是近年来备受欢迎的一款新型电子电路设计与仿真软件，功能强大，可以对数模电、单片机、微机原理、嵌入式系统进行仿真。本节通过用 Proteus ISIS 软件设计仿真最简单的手电筒电路来掌握该软件的一些基本操作，帮助初学者入门。

按照工作任务要求，设计一个由干电池（2 节 1.5V）、开关和灯泡等元件构成的手电筒照明电路。在本工作模块的电路中，把干电池、开关和灯泡串联起来后构成一个直流电路，如图 1-2 所示。

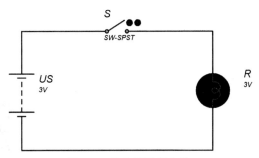

图 1-2　手电筒照明电路

本书使用 Proteus 7.5 SP3 Professional 中文版完成设计。通过双击桌面软件的快捷方式或在桌面上选择"开始"→"程序"→"Proteus 7 Professional"，单击蓝色图标"ISIS 7 Professional"打开应用程序，进入 ISIS Professional 的编辑界面，如图 1-3 所示。

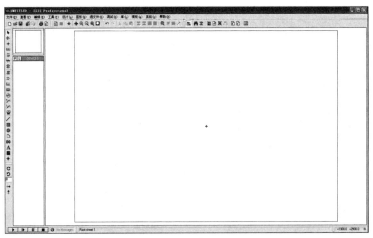

图 1-3　ISIS 集成环境

（1）新建设计文件：单击"文件"→"新建设计"命令，在弹出的"新建设计"对话框中选择设计模板（一般选择 A4 图纸），单击"确定"按钮。然后单击"文件"→"保存设计"命令来给设计命名，输入文件名"手电筒照明电路"，并选择保存类型为"设计文件（*.DSN）"。另外，可以通过"模板"→"设置设计默认值"来去掉图上面的文本标志和设置背景，通过"系统"→"设置动画选项"设置电压电流流向。

（2）调入元件：先单击左边工具栏图标，再单击对象选择器上方的按钮 P，在弹出的对话框左上角有一个 Keywords 输入框，依次输入 BATTERY（干电池）、LAMP（灯泡）、

SW-SPST（单刀单掷开关）等元件名称，右边出现符合输入名称的元件列表。双击需要的元器件，就可以将它调入设计窗口的元件选择器，如图 1-4 所示。

图 1-4　调入元器件

（3）放置元器件：在对象选择器中的元件列表中，单击所用元件，再在设计窗口单击，出现所用元件的轮廓，并随鼠标移动，找到合适位置，单击，元件被放到当前位置。根据需要可以移动调整位置（调整的过程中可能用到复制粘贴、旋转、放大或缩小画面、删除等操作）。

（4）连线：就是把元件的引脚按照需要用导线连接起来。方法是在开始连线的元件引脚处单击左键（光标接近引脚端点附近会出现红色小方框，就表示可以了），移动光标到另一个元件引脚的端点，单击即可。如果后面还需要画相同形状线的话，在一个新的起点双击即可。

（5）修改元件参数：双击元器件会弹出属性对话框，修改参数如图 1-5 所示。这里主要把灯泡的电压值修改为 3V。

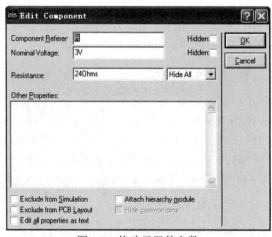

图 1-5　修改元器件参数

（6）电气规则检查。单击"工具"菜单，选择"电气规则检查"命令，弹出检查结果窗口，完成电气检测。若检测出错，根据提示修改电路图并保存，直至检测成功。电气检测窗口如图 1-6 所示。

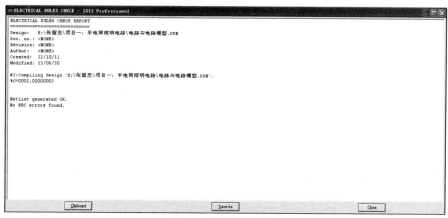

图 1-6　电气检测窗口

### 2. 手电筒电路仿真运行调试

（1）运行 Proteus 软件，打开"手电筒照明电路"，在灯泡两端并联直流电压表，同时在电路中串联一个直流毫安表，构建手电筒仿真电路如图 1-7 所示。

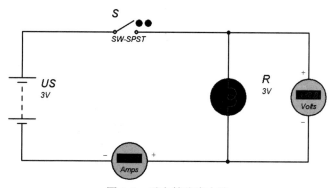

图 1-7　手电筒仿真电路

（2）全速运行仿真。单击工具栏的"运行"按钮 ▶，首先闭合 S，仿真运行结果如图 1-8 所示。

### 3. 手电筒工作过程

在图 1-8 所示的电路中，当开关闭合时，电源正极会流出大量的电荷，电荷的定向移动就形成了电流，它们经过导线、开关流进灯泡，这些电荷在流经灯泡内的钨丝时，钨丝会因发热、温度急剧上升而发光，然后电流再从灯泡流出，回到电源的负极。

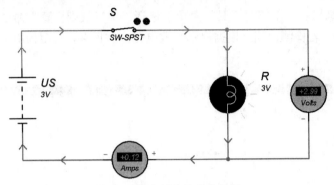

图 1-8　手电筒电路仿真结果

## 1.2　电路基础知识

### 1.2.1　认识电路

**1．电路组成**

电路（Electrical circuit）是由电器设备和元器件按一定方式连接起来，为电荷流通提供了路径的总体，也叫电子线路或电气回路，简称网络或回路。换句话说，电路就是用导线把电源、用电器、开关连接起来组成电流的路径。简单照明电路如图 1-9 所示。

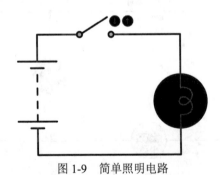

图 1-9　简单照明电路

**2．电路分类**

（1）按其功能分

按其功能不同电路可以分为：电力电路（或称强电电路）和信号电路（或称弱电电路）。

1）电力电路主要用来实现电能的传输和转换，大到全国性的输、配电网络，小到一个手电筒电路；

2）信号电路主要用来实现信号的传递和处理，如扩音机和电视机电路等。

（2）按其供电电源分

按其供电电源不同电路可分为：直流电路（DC）和交流电路（AC）。

1）直流电是指电压或电流的大小和方向是不随时间而变化的；

2）日常生活中的交流电是指正弦交流电，它的电压或电流的大小和方向是随时间而变化的，因交流电是按 sin 函数而变化的波形，与数学上学习过的正弦波曲线一致，因此称为正弦交流电。

3．理想电路元件

理想电路元件是一种理想化的模型，简称电路元件，如图 1-10 所示。它是在一定条件下对实际器件加以理想化和近似，其电特性唯一、精确，可定量分析和计算。

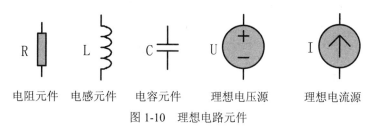

电阻元件　　电感元件　　电容元件　　理想电压源　　理想电流源

图 1-10　理想电路元件

通常采用的电路元件有电阻元件、电感元件、电容元件、理想电压源、理想电流源，它们都是具有两个引出端的元件，称为二端元件。电阻元件、电感元件和电容元件均不产生能量，称为无源二端元件，如图 1-11（a）所示。理想电压源和理想电流源这两种电源元件是在电路中提供能量的元件，称为有源二端元件，如图 1-11（b）所示。

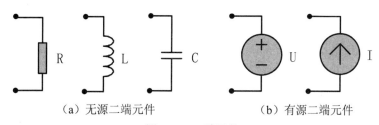

（a）无源二端元件　　　　　　　　（b）有源二端元件

图 1-11　二端元件

电阻元件是消耗电能的元件，电容元件是储存电场能量的元件，电感元件是储存磁场能量的元件，电压源是能够产生和维持一定输出电压的元件，电流源是能够产生和维持一定输出电流的元件。

4．电路模型

由于各种电路功能不同，其组成形式也千差万别，因此研究方法也不尽相同，为了方便电路的分析和计算，我们引入了电路模型的概念。

下面通过日常生活中最常见、最简单的手电筒电路来找出电路共同的规律，最简单手电筒的电路模型如图 1-12 所示。该电路分别使用导线、电池、开关和灯泡等理想电路元件组成。

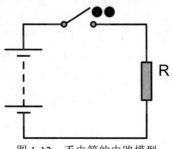

图 1-12　手电筒的电路模型

1）电池的作用是供应电能，称为电源；

2）开关、导线的作用是控制和传递电能，称为中间环节；

3）灯泡是消耗电能的用电器，它能够将电能转化为光能，称为负载。由于灯泡中耗能的因素远大于产生磁场的因素，因此灯泡可用电阻元件 R 表示。

### 1.2.2　电路的基本物理量

电路的作用是进行电能与其他形式的能量之间的相互转换。我们常用一些物理量来表示电路的状态及各部分之间能量转换的相互关系。下面就介绍电路的一些主要物理量。

1. 电流和电流的参考方向

（1）电流

电流实际上包含两个含义：第一个含义是电流表示一种物理现象，即电荷有规则的定向移动形成电流。由于平时人们多称电流强度为电流，所以电流又代表一个物理量，这是电流的第二个含义。

（2）电流大小

电流的大小用电流强度来表示，电流强度是指在单位时间内通过导体截面积的电荷量，电流用符号 i 或 I 表示，单位是安培（库/秒），简称安，用大写字母 A 表示。常用的单位还有毫安（mA）、微安（μA）等。

（3）电流的参考方向

习惯上是把正电荷运动的方向作为电流的方向，这也是电流的实际方向或真实方向，它是客观存在的，不能任意选择。

在简单电路中，电流的实际方向能通过电源或电压的极性很容易地确定下来。但是，在复杂电路中，如图 1-13 所示，其中 A 到 B 这一段电路的电流实际方向就很难确定。

因此，为了分析和计算电路的需要，引入了电流参考方向的概念，参考方向又称假定正方向，简称正方向。

所谓正方向，就是在一段电路里，从两种可能的电流实际方向中，任意选择一个作为参考方向（即假定正方向）。当实际的电流方向与参考方向相同时，电流是正值；当实际的电流方向与参考方向相反时，电流就是负值。电路中电流的正方向一经确定，在整个分析与计算的过程中必须以此为准，不允许再更改。

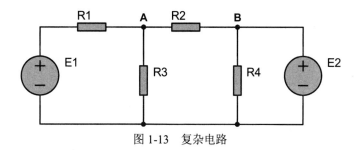

图 1-13　复杂电路

**注意**：电流的实际方向和参考方向是两个不同的概念，不能混淆。

2. 电位、电压和电动势

（1）电位

电位即电势，是衡量电荷在电路中某点所具有能量的物理量。在数值上，电路中某点的电位，等于正电荷在该点所具有的能量与电荷所带电荷量的比。

电位的单位是伏特，用大写字母 V 表示。

电位是相对的，电路中某点电位的大小，与参考点（即零电位点）的选择有关，这就和地球上某点的高度，与起点选择有关一样。在同一电路中，选定不同的参考点，同一点的电位数值是不同的。原则上说，参考点可以任意选定。在电工领域，通常选电路里的接地点为参考点；在电子电路里，常取机壳为参考点。

**注意**：对于电位来说，参考点是至关重要的。

（2）电压

电压是指电路中两点 A、B 之间的电位差，也称作电势差，简称为电压。换句话说，在电路中任意两点之间的电位差称为这两点的电压。电压是推动电荷定向移动形成电流的原因。电流之所以能够在导线中流动，就是因为在电流中有着高电势和低电势的差别。

电压的方向是从高电位指向低电位的方向。

通常用字母 U 代表电压，电压的单位是伏特（V），常用的单位还有毫伏（mV）、微伏（μV）、千伏（kV）等。

从电压和电位的概念可以看出，电路中某点的电位就是该点到参考点之间的电压，电位是电压的一个特殊形式。

在实际应用时，仅知道两点间的电压往往不够，还要求知道这两点中哪一点电位高，哪一点电位低。例如，对于半导体二极管来说，只有阳极电位高于阴极电位才能导通；对于直流电动机来说，绕组两端的电位高低不同，电动机的转动方向就不同。

（3）电动势

电动势是衡量电源力作功能力的物理量，用字母 E 表示，单位是伏特。电源的电动势在数值上等于电源力把单位正电荷从低电位端经电源内部移到高电位端所作的功。因此，电动势的实际方向是在电源内部由低电位端指向高电位端，是电位升高的方向。

电压、电位和电动势的区别如下：

1）电压 U 是反映电场力作功本领的物理量，是产生电流的根本原因。电压的正方向规定由"高"电位指向"低"电位；

2）电位 V 是相对于参考点的电压；

3）电动势 E 只存在于电源内部，其大小反映了电源力作功的本领，方向规定由电源"负极"指向电源"正极"。

**3．电功率**

在物理学中，用电功率表示消耗电能的大小。电功率用 P 表示，它的单位是瓦特，简称瓦，符号是 W。电流在单位时间内作的功叫做电功率。以灯泡为例，电功率越大，灯泡越亮。灯泡的亮暗由实际电功率决定，而不用所通过的电流、电压、电能、电阻决定。

### 1.2.3　电路的基本定律

基尔霍夫定律是分析和计算复杂电路的基本定律，它包括两个定律，即基尔霍夫电流定律和基尔霍夫电压定律。

**1．基尔霍夫电流定律（KCL）**

该定律指出，在电路中，流入任意一个节点的电流之和等于流出该节点的电流之和。即：

$$\sum I_{入} = \sum I_{出}$$

下面通过 Proteus 仿真电路来验证 KCL 定律，如图 1-14 所示。

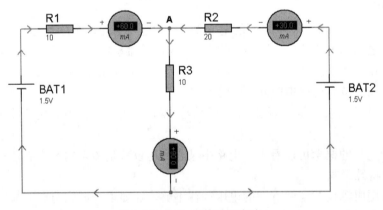

图 1-14　KCL 定律验证电路

从图 1-14 中可以看出，流入 A 点的电流之和 $\sum I_{入}$＝（60+30）mA=90mA，流出 A 点的电流之和 $\sum I_{出}$=90mA，即：

$$\sum I_{入} = \sum I_{出}$$

2. 基尔霍夫电压定律（KVL）

该定律指出，电路中任一回路各段电压的代数和等于零。即：

$$\sum U = 0$$

应用该定律时，需要规定回路的绕行方向，当流过回路某元件的电流方向与绕行方向一致时，该元件两端电压取正，反之取负；当流过回路电源的电流方向与绕行方向一致时，电源的电动势取负，反之取正。

下面通过 Proteus 仿真电路来验证 KVL 定律，如图 1-15 所示。

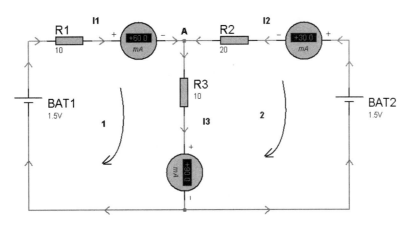

图 1-15　KVL 定律验证电路

对于第一个回路：$I_1 \times R_1 + I_3 \times R_3 - E_1 = 0.06 \times 10 + 0.09 \times 10 - 1.5 = 0$

对于第二个回路：$-I_2 \times R_2 - I_3 \times R_3 + E_2 = -0.03 \times 20 - 0.09 \times 10 + 1.5 = 0$

### 1.2.4　电路的三种状态

电路有开路、短路、通路三种工作状态，下面进行详细分析。

1. 开路工作状态

开路状态如图 1-16 所示。它是电路中开关断开或连接导线折断引起的一种极端运行状态。电路开路时，外电路所呈现的电阻可视为无穷大，故电路具有下列特征：

电路中的电流为零，即：$I = 0$。

$U_1 = U_S$，即电源的端电压等于电源电压。此电压称为空载电压或开路电压，用 $U_{oc}$ 表示。利用此特点可以测出电源电压：$U_2 = 0$。

因为电源对外不输出电流，故电源的输出功率和负载所消耗的功率均为零。

2. 短路工作状态

由于电源线绝缘损坏、操作不当等引起电源的两输出端相接触，造成电源被直接短路的情况，是电路的另一种极端运行状态，如图 1-17 所示。当电源直接短路时，外电路所呈现的电阻可近似为零，电路具有下列特征：

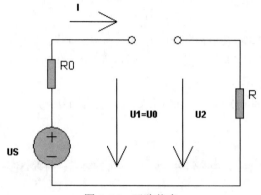

图 1-16　开路状态

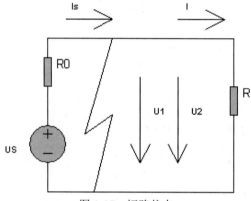

图 1-17　短路状态

电源中的电流最大，输出电流为零。因为：$I_S = U_S/R_0$，在一般供电系统中，电源的内电阻 $R_0$ 很小，故短路电流 $I_S$ 很大，但对外电路无电流输出。

电源和负载的端电压均为零。表明电源的电压全部落在电源的内阻上，电源发出的功率全部消耗在电源内阻上。

由以上分析可知，短路时电路中电流很大，容易烧毁电源与设备。另外短路时强电流产生强大的电磁力会造成机械上的损失，因而实际电路中必须设置短路保护装置，最常见的是用熔断器作保护电器。

3. 通路工作状态

通路状态如图 1-18 所示。此时电路有下列特征：

电路中的电流为：

$$I = U_S /(R_0 + R)$$

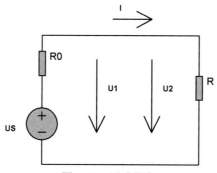

图 1-18　通路状态

当电源电压 $U_S$ 和内阻 $R_0$ 一定时，电路中电流的大小取决于负载的大小。

电源的端电压为：

$$U_1 = U_S - IR_0$$

电源的端电压总是小于电源电压。若忽略电源内阻，则电源的端电压 $U_1$ 等于电源电压 $U_S$。

电路元件在工作时都有一定的使用限度，其限额值称为额定值。例如，标明"220V40W"的灯泡，220V 和 40W 分别表示该灯泡的额定工作电压为 220V（用 $U_N$ 表示），且在此电压下工作，灯泡消耗的电功率为 40W（为额定电功率，用 $PN$ 表示）。其灯丝电阻为：

$$R = \frac{U_N^2}{P_N} = \frac{220^2}{40} = 1210\Omega$$

如该灯泡接入低于额定电压的 110V 电路中，灯泡的实际功率为：

$$P = \frac{U^2}{R} = \frac{110^2}{1210} = 10W$$

可见，此灯泡发光强度不足。反之，若将该灯泡接入高于额定电压的 380V 电路中，灯泡的实际功率为：

$$P = \frac{U^2}{R} = \frac{380^2}{1210} \approx 119W$$

实际功率远大于额定功率，灯泡将很快被烧毁。因而电路元件应工作在额定条件下（满载）。如果电路元件工作在低于额定电压很多的状态下（轻载），则将使设备不能够正常工作。如果电路元件工作在高于额定电压很多的状态下（过载），将会使电器设备和电源的温度迅速上升，导致电源及其他电气设备烧毁，甚至引起火灾。

### 1.2.5　电阻的串联与并联

在实际电路中，电阻的连接方式多种多样，最常用的是电阻的串联和并联。

#### 1. 电阻的串联

下面通过 Proteus 仿真电路来看一下串联等效电阻与各个电阻有着怎样的关系，如图 1-19 所示。

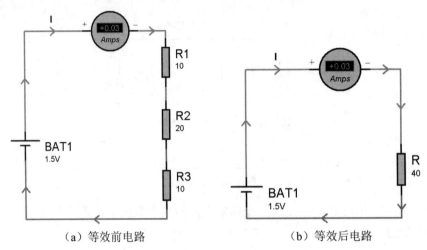

（a）等效前电路　　　　　　　　　　（b）等效后电路

图 1-19　电阻串联 Proteus 仿真

由图 1-19 可知：

$$R = R_1 + R_2 + R_3$$

可见，电阻串联时其等效电阻等于各个电阻之和。

2. 电阻的并联

下面通过 Proteus 仿真电路来看一下并联等效电阻与各个电阻有着怎样的关系，如图 1-20 所示。

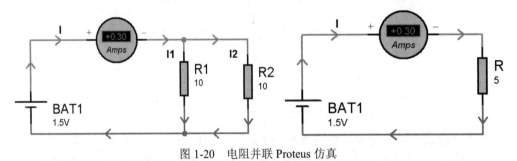

图 1-20　电阻并联 Proteus 仿真

由图 1-20 可知：

$$\frac{1}{R} = \frac{1}{R_1} + \frac{1}{R_2}$$

可见，电阻并联时其等效电阻的倒数等于各个电阻倒数之和。

【技能训练 1-1】　电阻元件识别

1. 认识电阻

电阻器通常称为电阻，是电子设备中使用最多的基本元件之一。电阻的主要用途是稳定和调节电路中的电流和电压,其次电阻还可与电容配合起滤波作用。常用电阻电路符号如图 1-21 所示,电阻用 R 表示、电位器用 W 表示。

固定电阻　　　　电位器　　　　可变电阻　　　　热敏电阻

图 1-21　常用电阻的电路符号

2. 电阻的分类

电阻的种类繁多,按其材料可分为薄膜电阻和线绕电阻两大类;按其结构可分为固定电阻、可变电阻和敏感电阻。常见电阻实物图如图 1-22 所示。

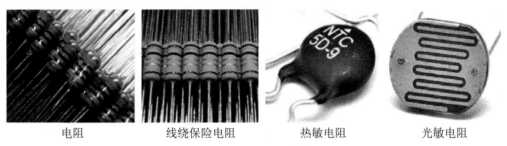

电阻　　　　　线绕保险电阻　　　　热敏电阻　　　　光敏电阻

图 1-22　常见电阻实物图

下面简要介绍几种常用电阻的特点及应用。

(1)保险电阻

保险电阻在电路图中起着保险丝和电阻的双重作用,主要应用在电源电路输出和二次电源的输出电路中。它们一般以低阻值(几欧姆至几十欧姆)、小功率(1/8～1W)为多,其功能就是在过流时及时熔断,保护电路中的其他元件免遭损坏。

在电路负载发生短路故障,出现过流时,保险电阻的温度在很短的时间内就会升高到 500～600℃,这时电阻层便受热剥落而熔断,起到保险的作用,达到提高整机安全性的目的。

(2)热敏电阻

热敏电阻是电阻值随其电阻体温度的变化而显著变化的热敏元件。在工作温度范围内,电阻值随温度上升而增加的是正温度系数(PTC)热敏电阻器;电阻值随温度上升而减小的是负温度系数(NTC)热敏电阻器。

热敏电阻主要用于电器设备的过热保护、无触点继电器、恒温、自动增益控制、电机启动、时间延迟、彩色电视自动消磁、火灾报警和温度补偿等方面。

(3)湿敏电阻

湿敏电阻常作为传感器,是利用湿敏材料吸收空气中的水分而导致本身电阻值发生变化这一原理而制成的。利用这一特性可测量湿度。它的特点是随着湿度的增加电阻值增加。

（4）光敏电阻

光敏电阻器又叫光感电阻，是利用半导体的光电效应制成的一种电阻值随入射光的强弱而改变的电阻器；入射光强，电阻减小，入射光弱，电阻增大。光敏电阻器一般用于光的测量、光的控制和光电转换（将光的变化转换为电的变化）。光敏电阻可广泛应用于各种光控电路，如对灯光的控制、调节等场合，也可用于光控开关。

（5）气敏电阻

在现代社会的生产和生活中，人们往往会接触到各种各样的气体，需要对它们进行检测和控制。比如化工生产中气体成分的检测与控制；煤矿瓦斯浓度的检测与报警；环境污染情况的监测；煤气泄漏；火灾报警；燃烧情况的检测与控制等。气敏电阻传感器就是一种将检测到的气体的成分和浓度转换为电信号的传感器。

3. 电阻的型号与命名

根据国家标准 GB2470-81 规定，国产电阻的型号一般由四个部分组成：产品名称、产品制作材料、产品分类、产品序列号。

4. 电阻的识别方法

电阻的型号和规格一般可从电阻的表面数值直接读出它的阻值和精度，有时也可从电阻上印刷的不同色环来判断它的阻值和精度。

固定电阻的常用识别方法有 3 种：直标法、色标法和文字符号法。

（1）直标法

直标法是指将电阻的主要参数和技术性能指标直接印刷在电阻的表面上。例如电阻上印有"RJ7-100kΩ ±5%"，则表示阻值为 100kΩ、允许偏差为 ±5% 的精密金属膜电阻。

直标法适用于体积大（大功率）的电阻。

（2）色标法

色标法是指用不同颜色的色环表示电阻的标称阻值和允许偏差，普通电阻采用四环表示，见表 1-1；精密电阻采用五环表示，见表 1-2。

表 1-1　普通电阻色标法

| 色环颜色 | 第一色环<br>第一位数 | 第二色环<br>第二位数 | 第三色环<br>倍率 | 第四色环<br>误差 |
|---|---|---|---|---|
| 黑 | 0 | 0 | $10^0$ | — |
| 棕 | 1 | 1 | $10^1$ | — |
| 红 | 2 | 2 | $10^2$ | — |
| 橙 | 3 | 3 | $10^3$ | — |
| 黄 | 4 | 4 | $10^4$ | — |
| 绿 | 5 | 5 | $10^5$ | — |
| 蓝 | 6 | 6 | $10^6$ | — |

续表

| 色环颜色 | 第一色环<br>第一位数 | 第二色环<br>第二位数 | 第三色环<br>倍率 | 第四色环<br>误差 |
|---|---|---|---|---|
| 紫 | 7 | 7 | $10^7$ | — |
| 灰 | 8 | 8 | $10^8$ | — |
| 白 | 9 | 9 | $10^9$ | — |
| 金 | — | — | $10^{-1}$ | ±5% |
| 银 | — | — | $10^{-2}$ | ±10% |
| 无 | — | — | | ±20% |

表 1-2  精密电阻色标法

| 色环颜色 | 第一色环<br>第一位数 | 第二色环<br>第二位数 | 第三色环<br>第三位数 | 第四色环<br>倍率 | 第五色环<br>误差 |
|---|---|---|---|---|---|
| 黑 | 0 | 0 | 0 | $10^0$ | |
| 棕 | 1 | 1 | 1 | $10^1$ | ±1% |
| 红 | 2 | 2 | 2 | $10^2$ | ±2% |
| 橙 | 3 | 3 | 3 | $10^3$ | — |
| 黄 | 4 | 4 | 4 | $10^4$ | — |
| 绿 | 5 | 5 | 5 | $10^5$ | ±0.5% |
| 蓝 | 6 | 6 | 6 | $10^6$ | ±0.25% |
| 紫 | 7 | 7 | 7 | $10^7$ | ±0.1% |
| 灰 | 8 | 8 | 8 | $10^8$ | — |
| 白 | 9 | 9 | 9 | $10^9$ | — |
| 金 | — | — | — | $10^{-1}$ | ±5% |
| 银 | — | — | — | $10^{-2}$ | |

对于色环电阻，如何判断哪一条是第一条色环、哪一条是最后一条色环非常关键。

色环电阻识别方法是紧靠电阻体一端头的色环为第一环，露着电阻体本色较多的另一端头为末环。表示电阻器标称阻值的那四条环之间的间隔距离一般为等距离，而表示偏差的色环（即最后一条色环）一般与第四条色环的间隔比较大。

（3）文字符号法

文字符号法是用字母和数字符号有规律的组合来表示电阻的标称阻值。其规律是：用字母 R、K、M、G、T 来表示电阻值的数量级别，字母前面的数字表示阻值的整数部分，字母后面的数字表示阻值的小数部分。

例如，R3 表示 0.3 Ω，3K6 表示 3.6kΩ，8M2 表示 8.2MΩ。

## 【技能训练 1-2】 电阻元件检测

### 1. 认识万用表

"万用表"是万用电表的简称，它是电子制作中一个必不可少的工具。万用表能测量电流、电压、电阻，有的还可以测量三极管的放大倍数，以及频率、电容值、逻辑电位、分贝值等。万用表是公用一个表头，集电压表、电流表和欧姆表于一体的仪表。万用表有很多种，现在最流行的有机械指针式的和数字式的万用表，如图 1-23 所示。下面只介绍最常用的数字式万用表。

机械指针式的万用表　　　　　　　数字式万用表

图 1-23　万用表

### 2. 数字式万用表使用

数字式万用表的测量值由液晶显示屏直接以数字的形式显示，读取方便，有些还带有语音提示功能。数字式万用表在下方有一个转换旋钮，旋钮所指的是测量的挡位。数字万用表的挡位主要有以下几种：

1）"V～"表示测量交流电压的挡位；

2）"V-"表示测量直流电压的挡位；

3）"A～"表示测量交流电流的挡位；

4）"A-"表示测量直流电流的挡位；

5）"Ω（R）"表示测量电阻的挡位；

6）"HFE"表示测量三极管的挡位。

### 3. 数字万用表测量电阻的方法

数字万用表的红表笔表示接外电路正极，黑表笔表示接外电路负极。使用数字万用表测量电阻的步骤如下：

1）将黑表笔插进"COM"孔，红表笔插进"VΩ"孔；

2）把挡位旋钮调到"Ω"中所需的量程，用表笔接在电阻两端金属部位，测量中可以用手接触电阻，但不要把手同时接触电阻两端，这样会影响测量精确度的（人体是电阻很大的导体）；

3）保持表笔和电阻接触良好的同时，开始从显示屏上读取测量数据。

**4．电阻的好坏判断**

先把各类电阻原有阻值读出，然后再进行测量，如果测量得出的数值和标识阻值不同则为坏。

（1）普通电阻损坏表现为：阻值明显增大或为无穷大。

（2）保险电阻损坏表现为：有阻值或为无穷大。

在电路板上测量电阻需要注意以下两方面：

● 在电路板上测量电阻得出的阻值比读出的阻值小是正常的，因为在电路中电阻可能和别的元件并联，测得的数值是此电阻和别的元件并联后总的阻值，所以阻值变小；

● 若测单个电阻测得阻值比读出的阻值大则说明此电阻有问题，或再拆下来重新测量，阻值变大表示此电阻应更换。

# 1.3　电源的认知及使用

凡是向电路提供能量或信号的设备称为电源。比如汽车、电力机车、应急灯等经常使用蓄电池。此外，常见的电源还有发电机、干电池和各种信号源。

## 1.3.1　电源分类

常见的电源主要有干电池、纽扣电池、锂电池、蓄电池和各种交直流信号源等。例如闹钟、玩具、遥控器等小型电子产品的电源通常采用干电池；计算器上电源采用的是纽扣电池；手机电源采用的是锂电池；汽车、电力机车、应急灯等采用的是蓄电池；做电子方面的实验时采用的是各种交直流信号源。常见的电源如图 1-24 所示。

　　干电池　　　　　　纽扣电池　　　　　锂电池　　　　蓄电池　　　直流稳压电源

图 1-24　常见电源

## 1.3.2　电源的认知与检测

一般情况下电源有两种类型，其一为电压源，其二为电流源。电压源的电压不随其外电路而变化，电流源的电流不随其外电路而变化，因此，电压源和电流源总称为独立电源，简称独立源。下面以干电池和锂电池为例讲解其检测方法。

1. 干电池检测

检测普通锌锰干电池的电量是否充足，通常有两种方法。

（1）通过测量电池瞬时短路电流来估算电池的内阻，进而判断电池电量是否充足。

这种方法的最大优点是简便，用万用表的大电流档就可直接判断出干电池的电量，缺点是测试电流很大，远远超过干电池允许放电电流的极限值，在一定程度上影响干电池使用寿命。

（2）用电流表串联一只阻值适当的电阻，通过测量电池的放电电流计算出电池内阻，从而判断电池电量是否充足。

这种方法的优点是测试电流小、安全性好，一般不会对干电池的使用寿命产生不良影响，缺点是较为麻烦。

2. 锂电池检测

锂电池是可以充电的，目前充电电池正代替一次电池运用到许多场合，电池容量的高低是决定电池质量的主要内容。目前市场上充斥着各种伪劣电池，我们可以用简单的三个步骤检测电池的真正容量。

1）把电池充满电，单只锂电池充满电后的电压是 4.2V；

2）万用表使电池恒流放电，终止电压设定为 3V；

3）用恒流放电的时间乘以放电电流就是电池容量了。

检测结果判断：如果恒流放电不能达到两个小时，那么标称电压就是不够的，电池就有假冒伪劣的可能性。

**说明：** 容量测试是以满电电压和设定的终止电压为参数的，因为锂电池的最低放电电压是 2.75V，所以，小于 3V 的电压对锂电池测试已经没有意义。

## 【技能训练 1-3】 锂电池认知与应用

锂电池在人们的生活中随处可见，由于各种便携式电子产品、车载 GPS 等的流行，锂离子电池已经成为维持这些工具运转的重要部件。锂电池（Lithium battery）是指电化学体系中含有锂（包括金属锂、锂合金和锂离子、锂聚合物）的电池，锂锰电池一般有高于 3.0V 的标称电压。

1. 锂电池分类

锂电池大致可分为两类：锂金属电池和锂离子电池。锂金属电池通常是不可充电的，且内含金属态的锂。锂离子电池不含有金属态的锂，并且是可以充电的。

2. 锂电池应用

由于锂电池适合作为集成电路电源，故广泛应用在手机、笔记本电脑、电动工具、电动车、路灯备用电源、航灯、家用小电器上。

3. 使用锂电池注意事项

（1）保持锂离子电池适度充电、放电可延长电池寿命。锂离子电池电量维持在 10%～90%

有利于保护电池。这意味着，给手机、笔记本电脑等数码产品的电池充电时，无需达到最大值。

（2）配有锂离子电池的数码产品暴露在日照下或者存放在炎热的汽车内，最好让其处于关闭状态，原因是如果运行温度超过 60℃，锂离子电池会加速老化。锂电池充电温度范围为 0～45℃，锂电池放电温度范围为 0～60℃。

（3）如果手机电池每天都需充电，原因可能是这块电池存在缺陷，或者是它该"退休"了。对笔记本拥有者而言，如果长时间插上电源插头，最好取下电池（电脑在使用过程中产生的高热量对笔记本电池不利）。

（4）通常情况下，50%电量最利于锂离子电池保存。

# 1.4  【技能拓展】 电路分析方法

对于复杂电路，常用到基尔霍夫定律、叠加定理、戴维南定理来分析。基尔霍夫定律在前面已经介绍过，下面着重介绍叠加定理和戴维南定理。

## 1.4.1  叠加定理

1. 认识叠加定理

叠加定理的内容是：在多个电源同时作用的线性电路中，任何支路的电流或任意两点间的电压，都是各个电源单独作用时所得结果的代数和。叠加定理是线性电路具有的重要性质。利用叠加定理进行电路分析时，必须注意如下几个方面的问题。

（1）各个电源分别单独作用是指独立电源，而不包括受控源。在用叠加定理分析电路时，独立电源分别单独作用时，受控源一直在每个分解电路中存在。

（2）独立电流源不作用，在电流源处相当于开路；独立电压源不作用，在电压源处相当于短路。

（3）线性电路中电流和电压一次性函数可以叠加，但由于功率不是电压或电流的一次性函数，所以功率不能采用叠加定理。

（4）叠加定理使用时，各分电路中的电压和电流的参考方向可以取为与原电路中的相同。取叠加时，应注意各分量前的"+"、"−"符号。

2. Proteus 仿真验证叠加定理

下面通过 Proteus 仿真电路，来验证叠加定理。

（1）$U_1$ 和 $U_2$ 两个电源同时作用时，如图 1-25 所示。

假设各支路电流方向如图中所示，电流表分别显示为：

$$I_1 = 2A ， I_2 = 1A ， I_3 = 1A$$

此显示结果符合基尔霍夫电流定律，即：

$$I_1 = I_2 + I_3$$

（2）$U_1$ 和 $U_2$ 两个电源分开作用时，假设各支路电流方向如图中所示，如图 1-26 所示。

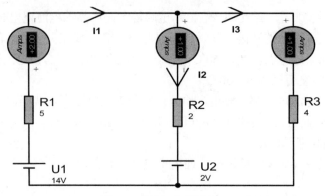

图 1-25　叠加定律验证

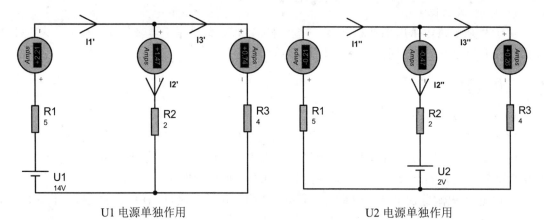

U1 电源单独作用　　　　　　　　　　U2 电源单独作用

图 1-26　叠加定理验证

1）在 U1 电源单独作用时，电流表分别显示为：

$$I_1' = 2.21\text{A} \ , \quad I_2' = 1.47\text{A} \ , \quad I_3' = 0.74\text{A}$$

即：

$$I_1' = I_2' + I_3'$$

2）在 U2 电源单独作用时，电流表分别显示为：

$$I_1'' = -0.21\text{A} \ , \quad I_2'' = -0.47\text{A} \ , \quad I_3'' = 0.26\text{A}$$

即：

$$I_1'' = I_2'' + I_3''$$

根据以上 Proteus 仿真电路运行结果，我们将 U1 电源和 U2 电源分别单独作用时，每条支路的电流进行叠加，并且和 U1、U2 两个电源同时作用时，每条支路的电流进行比较，比较结果符合叠加定理，即：

$$I_1 = I_1' + I_1'' = 2.21\text{A} + (-0.21)\text{A} = 2\text{A}$$
$$I_2 = I_2' + I_2'' = 1.47\text{A} + (-0.47)\text{A} = 1\text{A}$$

$$I_3 = I_3' + I_3'' = 0.74\text{A} + 0.26\text{A} = 1\text{A}$$

### 1.4.2 戴维南定理

1. 认识戴维南定理

戴维南定理（又译为戴维宁定理）又称等效电压源定律，是由法国科学家 L.C.戴维南于 1883 年提出的一个电学定理。任一含源线性时不变一端口网络对外可用一条电压源与一阻抗的串联支路来等效地加以置换，此电压源的电压等于一端口网络的开路电压，阻抗等于一端口网络内全部独立电源置零后的输入阻抗。

在使用该定理时，需注意以下几点：

（1）戴维南定理只对外电路等效，对内电路不等效。也就是说，不可应用该定理求出等效电源电动势和内阻之后，又返回来求原电路（即有源二端网络内部电路）的电流和功率。

（2）应用戴维南定理进行分析和计算时，如果待求支路后的有源二端网络仍为复杂电路，可再次运用戴维南定理，直至成为简单电路。

（3）戴维南定理只适用于线性的有源二端网络。如果有源二端网络中含有非线性元件时，则不能应用戴维南定理求解。

2. Proteus 仿真验证戴维南定理

下面通过 Proteus 仿真电路，来验证戴维南定理。

如图 1-27（a）所示，虚线框内的一个有源二端网络，可和等效电路中的一个电动势为 $E_0$、内阻为 $R_0$ 串起来的电路等效，如图 1-27（b）所示。其中，$E_0$ 为有源二端网络的开路电压，$R_0$ 等于有源二端网络内全部独立电源置零后的输入阻抗。

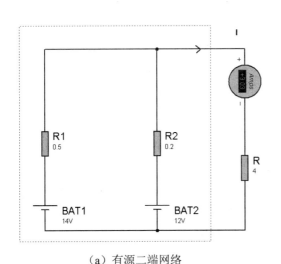
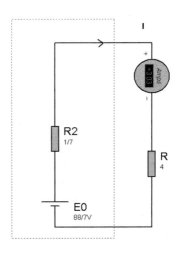

　　（a）有源二端网络　　　　　　　　　　　　（b）等效电路

图 1-27　戴维南定理验证

 **关键知识点小结**

1．电路（Electrical circuit）或称电子回路，是由电器设备和元器件，按一定方式连接起来，为电荷流通提供了路径的总体，也叫电子线路或电气回路，简称网络或回路。电路是由电源、中间环节、负载组成的。

2．电路种类繁多，按其功能的不同，可以分为以下两大类：即电力电路（或称强电电路）和信号电路（或称弱电电路）。根据电路中电源的种类不同，电路可分为直流电路和交流电路。根据所处理信号的不同，电路可分为模拟电路和数字电路。

3．电路的主要物理量有电流、电压、电动势、电位和电功率。

4．通常采用的电路元件有电阻元件、电感元件、电容元件、理想电压源、理想电流源。它们是具有两个引出端的元件，称为二端元件；前三种均不产生能量，称为无源元件；后两种电源元件是电路中提供能量的元件，称为有源元件。元件有线性和非线性之分。

5．电路有开路、短路、通路三种工作状态。

6．电阻器通常称为电阻，是电子设备中使用最多的基本元件之一。电阻的主要用途是稳定和调节电路中的电流和电压，其次电阻还可与电容配合起滤波作用。

7．国产电阻的型号一般由四个部分组成：产品名称、产品制作材料、产品分类、产品序列号。

8．电阻的主要性能指标有标称阻值、允许偏差、额定功率、最高工作电压等。对有特殊要求的，还要考虑温度系数、噪声系数、高频特性、稳定性等。

9．固定电阻的常用识别方法有 3 种：直标法、色标法和文字符号法。

 **问题与讨论**

1-1　电路是由哪几部分组成的？各组成部分的作用是什么？

1-2　电路的分类有哪些？

1-3　电路的主要物理量有哪些？其单位分别是什么？

1-4　什么是电路模型？理想电路元件有哪些？其作用分别是什么？

1-5　简述电路的三种状态和三种状态下的电路特征。

1-6　写出下列电阻标识文字符号的意义：R5，4K3，4M7，RJ7-1.2kΩ±0.25%。

1-7　已知某一电阻器按最靠近某一端的色码带排列顺序为橙、黑、红、金色，该电阻器的阻值是多少？若按最靠近某一端的色码带排列顺序为绿、棕、橙、无色，则该电阻器的阻值是多少？

1-8　如图 1-28 所示电路，已知 $U_{s1} = 30V$，$U_{s2} = 40V$，$R_1 = R_2 = 10\Omega$，$R3 = 5\Omega$，试应用叠加定理求各支路中的电流。

1-9 如图 1-29 所示电路，已知 $E_1 = 7V$，$E_2 = 6.2V$，$R_1 = R_2 = 0.2\Omega$，$R = 3.2\Omega$，试应用戴维宁定理求电阻 $R$ 中的电流 $I$。

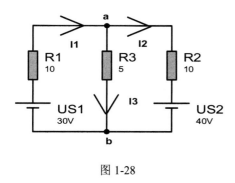

图 1-28

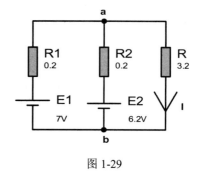

图 1-29

# 2

# 高亮度 LED 照明电路设计与实现

## 终极目标

能完成高亮度 LED 照明电路设计，能完成高亮度 LED 照明电路的运行与调试。

## 促成目标

1. 掌握二极管的结构和工作原理；
2. 掌握二极管的伏安特性；
3. 掌握发光二极管及应用；
4. 会熟练地进行二极管的识别与检测。

## 2.1　工作模块 2　简易 LED 照明电路设计与实现

使用干电池、开关和发光二极管（LED）等元件实现简易 LED 照明电路。干电池提供 3V 直流电压，闭合开关点亮 LED。

### 2.1.1　用 Proteus 设计简易 LED 照明电路

**1. 简易 LED 照明电路设计**

运行 Proteus 软件，新建"简易 LED 照明电路"设计文件。如图 2-1 所示，放置并编辑 BATTERY（干电池）、LED-RED（红色发光二极管）、SW-SPST（单刀单掷开关）和电阻（RES）等元件。设计完成简易 LED 照明电路后，进行电气规则检测。

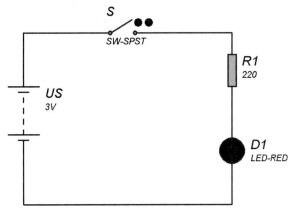

图 2-1　简易 LED 照明电路

**2. 简易 LED 照明电路仿真运行调试**

（1）运行 Proteus 软件，打开"简易 LED 照明电路"，在 LED 两端并联直流电压表，同时在电路中串联一个直流毫安表，在"简易 LED 照明电路"工作时，分别用来显示 LED 发光二极管两端电压和电路中电流大小，如图 2-2 所示。

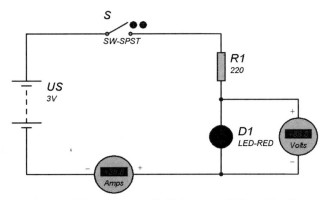

图 2-2　简易 LED 照明电路用 Proteus 仿真运行调试

（2）全速运行仿真。单击工具栏的"运行"按钮 ▶ ，首先闭合 S，仿真运行结果如图 2-3 所示。

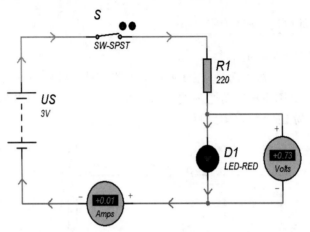

图 2-3　简易 LED 照明电路用 Proteus 仿真结果

### 2.1.2　简易 LED 照明电路工作过程

1."简易 LED 照明电路"电路分析

从仿真结果可以看到，如图 2-3 所示，"简易 LED 照明电路"中电流为：0.01A，LED 发光二极管两端电压为：0.73V。也就是说发光二极管在导通时，两端电压在 0.7V 左右，根据欧姆定律可知流过 $R_1$ 电阻的电流是：

$$I = \frac{3V - 0.73V}{220\Omega} \approx 0.01A = 10mA$$

在这里 $R_1$ 电阻起着限流作用。

2."简易 LED 照明电路"电路工作过程

在图 2-1 所示电路中，当开关闭合时，由于发光二极管加的是正向偏置电压，且电压大小大于发光二极管的正向导通电压，再加上发光二极管串联合适的电阻，这样能够限制流过发光二极管的电流在 3～20mA，最终这样的电流流过发光二极管，形成闭合回路使其发光。

## 2.2　认识二极管

### 2.2.1　二极管结构和工作原理

1.半导体的基础知识

在自然界中，根据材料的导电能力，我们可以将它们划分为导体、绝缘体和半导体。常见的导体如铜和铝、常见的绝缘体如橡胶、塑料等。那么什么是半导体呢？半导体的导电能力介于导体和绝缘体之间，常见的半导体材料有硅（Si）和锗（Ge），二极管和三极管都是用硅或锗作为基材的。

（1）半导体的特性

半导体主要有热敏性、光敏性和掺杂性等特性。

1）半导体的热敏性

半导体的导电能力受温度影响较大，当温度升高时，半导体的导电能力大大增强，被称为半导体的热敏性。利用半导体的热敏性可制成热敏元件，在汽车上应用的热敏元件有温度传感器，如水温传感器、进气温度传感器等。

2）半导体的光敏性

半导体的导电能力随光照的不同而不同。当光照增强时，导电能力增强，称为半导体光敏性。利用光敏性可制成光敏元件。在汽车上应用的光敏元件有汽车自动空调上的光照传感器。

3）半导体的掺杂性

当在半导体中掺入少量杂质时，半导体的导电性能增加，称为半导体的掺杂性。

（2）本征、P 型和 N 型半导体

什么是本征半导体、P 型半导体和 N 型半导体？又有哪些区别？

1）本征半导体：我们把完全纯净的、具有晶体结构的半导体称为本征半导体。本征半导体是电中性的。

2）P 型半导体：在本征半导体硅或锗中掺入微量的三价元素硼（B）或镓，就形成 P 型半导体。在 P 型半导体中，自由电子少，空穴多。

3）N 型半导体：在本征半导体硅或锗中掺入微量的五价元素磷（P），就形成 N 型半导体。在 N 型半导体中，自由电子多（多子），空穴少。

2．PN 结和二极管

在半导体硅或锗中一部分区域掺入微量的三价元素硼使之成为 P 型半导体，另一部分区域掺入微量的五价元素磷使之成为 N 型半导体。采用不同的掺杂工艺，通过扩散作用，将 P 型半导体与 N 型半导体制作在同一块半导体（通常是硅或锗）基片上，在 P 型和 N 型半导体的交界处就形成一个 PN 结。这个 PN 结就是一个二极管。把一个 PN 结加上两根引线，再加上外壳密封起来，便构成了二极管。从 P 区引出的引线称为二极管的阳极，从 N 区引出的引线称为二极管的阴极，如图 2-4 所示。

（a）PN 结　　　　　　　　　　　（b）二极管

图 2-4　PN 结和二极管

3．二极管单向导电性

二极管具有单向导电性能，在 PN 结两端外加电压，称为给 PN 结以偏置电压。

（1）正向导通（PN 结正向偏置）

给 PN 结加正向偏置电压，即 P 区接电源正极，N 区接电源负极，此时称 PN 结为正向偏置（简称正偏），如图 2-5 所示。

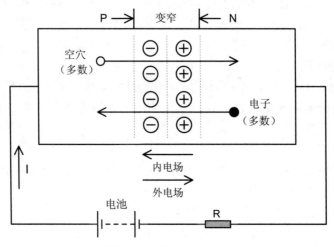

图 2-5　PN 结加正向电压

由于外加电源产生的外电场的方向与 PN 结产生的内电场的方向相反，削弱了内电场，使 PN 结变窄，有利于两区多数载流子向对方扩散，形成正向电流，此时 PN 结处于正向导通状态。

（2）反向截止（PN 结反向偏置）

给 PN 结加反向偏置电压，即 N 区接电源正极，P 区接电源负极，此时称 PN 结反向偏置（简称反偏），如图 2-6 所示。

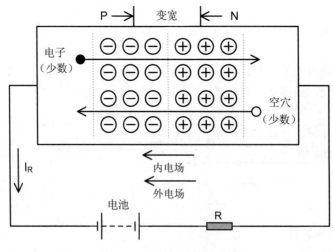

图 2-6　PN 结加反向电压

由于外加电场与内电场的方向一致，因而加强了内电场，使 PN 结变宽，阻碍了多数载流子的扩散运动。在外电场的作用下，只有少数载流子形成的很微弱的电流，称为反向电流。

应当指出，少数载流子是由于热激发产生的，因而 PN 结的反向电流受温度影响很大。

## 【技能训练 2-1】 用 Proteus 仿真验证二极管单向导电性

验证二极管单向导电性的 Proteus 仿真电路，如图 2-7 所示。

当 PN 结加上正向电压，即 P 区接电源正级，N 区接电源负极时，PN 结处于导通状态，如图 2-7（a）所示，电灯有电流通过，被点亮。

当 PN 结加上反向电压，即 P 区接电源负极，N 区接电源正极时，PN 结处于截止状态，如图 2-7（b）所示，电灯没有电流通过，不能点亮。

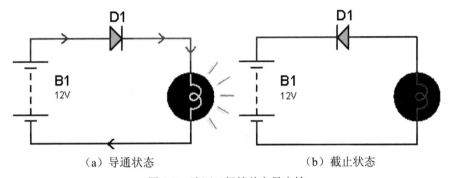

（a）导通状态                （b）截止状态

图 2-7　验证二极管单向导电性

综上所述，PN 结具有单向导电性。若外加正向电压时，电流从 P 区流到 N 区，此时 PN 结处于导通状态，正向电阻很小，流过电流很大；反之 PN 结处于截止状态，反向电阻很大，流过电流很小。

### 2.2.2　半导体二极管的伏安特性

半导体二极管的核心是 PN 结，它的特性就是 PN 结的特性——单向导电性。常利用伏安特性曲线来形象地描述二极管的单向导电性。

若以电压为横坐标，电流为纵坐标，用作图法把电压、电流的对应值用平滑的曲线连接起来，就构成二极管的伏安特性曲线，用来描述半导体二极管的端压 $U$ 与流过它的电流 $I$ 之间的关系，如图 2-8 所示。

1. 正向特性

在图 2-8 中，$U$ 大于 0 的曲线段称为正向特性。在二极管两端加正向电压时，就产生正向电流。

（1）当正向电压较小时，二极管的正向电流很小（几乎为零），这一区段称为死区，其相应的临界点称为死区电压或门槛电压（也称阈值电压），硅管约为 0.5V，锗管约为 0.1V。

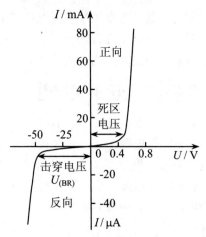

图 2-8　半导体二极管的伏安特性曲线

（2）当正向电压超过死区电压后，二极管的正向电流明显增大，并且随着正向电压的增大而急剧增大，此时二极管的正向电阻变得很小。当二极管充分导通后，二极管的正向电压基本保持不变，这一区段称为正向导通区。这时硅管的正向导通压降约为 0.6～0.7V，锗管约为 0.2～0.3V。

**注意：二极管正向导通时，要特别注意它的正向电流不能超过最大值，否则将会烧坏 PN 结。**

2．反向特性

在图 2-8 中，$U$ 小于 0 的曲线段称为反向特性。

（1）当二极管两端加上反向电压时，在开始很大范围内，二极管相当于非常大的电阻，反向电流很小，且不随反向电压而变化，此时的电流称之为反向饱和电流 $I_R$，这一区段称为反向截止区。

（2）当二极管反向电压加到一定数值时，反向电流急剧增大，这种现象称为反向击穿。此时，对应的电压称为反向击穿电压（也称击穿电），用 $U_{BR}$ 表示。

（3）当反向电流能够在很大范围变化时，管子两端的电压却几乎不变，稳压二极管就是利用这一特性来实现稳压的。

**【技能训练 2-2】 普通二极管识别与检测**

在这里，主要介绍如何使用指针万用表检测普通二极管。在电阻挡，红表笔是接指针万用表内部电池负极，黑表笔是接指针万用表内部电池正极。

1．极性检测

将万用表置于 R×100 挡或 R×1k 挡（R×1 挡电流太大，R×10k 挡电压太高，都容易损坏二极管），两表笔分别接二极管的两个电极，测出一个结果后，对调两表笔，再测出一个结果。两次测量的结果中，一次测量出的阻值较大（为反向电阻），另一次测量出的阻值较小（为正向电阻）。在阻值较小的一次测量中，黑表笔接的是二极管的正极，红表笔接的是二极管的负极。

**2．单向导电性能检测**

通常，一般硅管正向电阻为几千欧，锗管正向电阻为几百欧，反向电阻为几百千欧。

（1）正向电阻越小越好，反向电阻越大越好。正、反向电阻值相差越悬殊，说明二极管的单向导电特性越好。

（2）若正反向电阻相差不大，说明二极管是劣质管。

**3．二极管好坏的判断**

（1）若测得二极管的正、反向电阻值均接近 0 或阻值较小，则说明该二极管内部已击穿短路或漏电损坏。

（2）若测得二极管的正、反向电阻值均为无穷大，则说明该二极管已开路损坏。

**注意**：在测量二极管时，手不要接触二极管引脚。

### 2.2.3 半导体二极管的种类、命名方法及技术参数

**1．半导体二极管的分类与符号**

二极管的种类很多，按照不同的分类标准，可以分成不同的类型。

（1）按其材料分：硅二极管、锗二极管、砷化镓二极管等；

（2）按其制作工艺分：点接触型二极管和面接触型二极管；

（3）按其用途分：整流二极管、检波二极管、稳压二极管、变容二极管、发光二极管、光电二极管、开关二极管等；

（4）按其封状形式分：塑封二极管、玻封二极管、金属封二极管等。

常用二极管的电路符号如图 2-9 所示。

普通二极管　　稳压二极管　　发光二极管

图 2-9　常用二极管的电路符号

**2．半导体二极管的命名方法**

国产二极管型号命名方法是由五个部分组成，如图 2-10 所示，这五个部分含义如表 2-1 所示。如 2DZ9A，"2"表示电极数为 2，"D"表示 P 型硅材料，"Z"表示整流管，"9"表示序号，"A"表示规格。

**3．半导体二极管的主要技术参数**

要能正确使用好半导体二极管，就必须先了解二极管的技术参数，不同型号的二极管有不同的参数值。

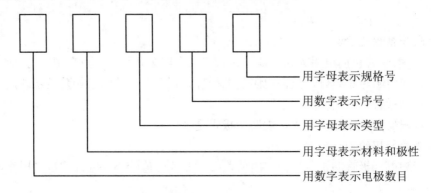

图 2-10　二极管型号命名的五个部分

表 2-1　二极管型号命名的含义

| 第一部分 | | 第二部分 | | 第三部分 | | 第四部分 | 第五部分 |
|---|---|---|---|---|---|---|---|
| 数字表示电极数 | | 字母表示器件的材料和类型 | | 字母表示器件的用途 | | 数字表示序号 | 字母表示规格 |
| 符号 | 意义 | 符号 | 意义 | 符号 | 意义 | 意义 | 意义 |
| 2 | 二极管 | A<br>B<br>C<br>D | N 型，锗材料<br>P 型，锗材料<br>N 型，硅材料<br>P 型，硅材料 | P<br>V<br>W<br>C<br>Z | 小信号管<br>混频检波管<br>稳压管<br>变容管<br>整流管 | 反映了极限参数、直流参数、交流参数的差别 | 反映承受反向电压的程度。A，B，C，D，A 最低 |

（1）最大整流电流 $I_F$

最大整流电流是指半导体二极管长时间工作时，允许通过的最大正向平均电流。点接触型二极管的最大整流电流在几十毫安以下。面接触型二极管的最大整流电流较大。当电流超过允许值时，将由于 PN 结过热而使管子损坏。

（2）最高反向工作电压 $U_{RM}$

最高反向工作电压是指保证二极管安全可靠工作的最高反向电压，通常为二极管反向击穿电压的一半或三分之二。点接触型二极管的最高反向工作电压一般是数十伏。面接触型二极管的最高反向工作电压可达数百伏。使用二极管时，反向电压不能够超过此值，否则会有击穿的危险。

（3）最大反向电流 $I_R$

最大反向电流是指在最高反向工作电压下允许流过二极管的反向电流。它的大小反映了二极管单向导电性能的好坏，其值越小，表明二极管的质量越好。硅管的最大反向电流一般在几微安以下，锗管的最大反向电流一般在几十至几百微安。

（4）最高工作频率 $f_M$

最高工作频率是指二极管在正常工作下的最高频率。若通过二极管的电流频率大于此值，二极管就不能正常工作。

### 4. 二极管使用注意事项

二极管使用时，应注意以下事项：

（1）二极管应按照用途、参数及使用环境选择；

（2）使用二极管时，正、负极不可接反。通过二极管的电流、承受的反向电压及环境温度等，都不应超过手册中所规定的极限值；

（3）更换二极管时，应用同类型或高一级的代替；

（4）二极管的引线弯曲处，距离外壳端面应不小于 2mm，以免造成引线折断或外壳破裂。

### 【技能训练 2–3】 电热毯控温电路设计与仿真

电热毯使用非常普遍，在这里我们设计一个电热毯控温电路，具有高温和低温控制功能，通过开关选择高温挡和低温挡。

### 1. 用 Proteus 设计电热毯控温电路

运行 Proteus 软件，新建"电热毯控温电路"设计文件。按照图 2-11 所示，放置并编辑 SINE（交流信号源）、1N4007（二极管）、SW-SPDT（单刀双掷开关）和模拟加热的装置（OVEN）等元件。设计完成电热毯控温电路后，进行电气规则检测。

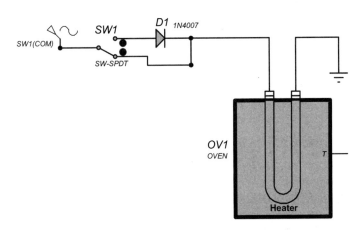

图 2-11　用 Proteus 设计电热毯控温电路

### 2. 电热毯控温电路用 Proteus 仿真运行调试

（1）运行 Proteus 软件，打开"电热毯控温电路"，在交流信号源和模拟加热装置两端并联交流电压表，构建电热毯温度控制测试电路，如图 2-12 所示。

（2）单击全速运行仿真。单击工具栏的"运行"按钮 ▶，首先将开关置于下方（高温挡），仿真运行结果如图 2-12（a）所示；再将开关置于上方（低温挡），仿真运行结果如图 2-12（b）所示。

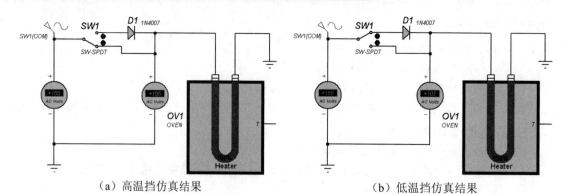

（a）高温挡仿真结果　　　　　　　　　（b）低温挡仿真结果

图 2-12　电热毯温度控制电路

3．电热毯温度控制电路分析

在电热毯仿真电路中，是利用模拟加热装置来代替电热毯加热部分的。

（1）开关扳到"高温挡"的位置时，220V 交流电直接接到电热毯上，电热毯加热的效果最高，实现了高温控制。

（2）开关扳到"低温挡"的位置时，220V 交流电经二极管送到电热毯，由于二极管具有单向导电性，只有 220V 交流电的正半周通过二极管，在 220V 交流电的负半周二极管不导通。在这里，二极管起着半波整流作用，使得电热毯加热效果是高温挡的一半，实现了低温控制。

# 2.3　工作模块 3　高亮度 LED 照明电路设计与实现

## 工作任务

使用四节干电池、一个开关和多个发光二极管（LED）等元件实现高亮度 LED 照明电路。干电池提供 6V 直流电压，闭合开关可点亮多个 LED。

### 2.3.1　用 Proteus 设计高亮度 LED 照明电路

LED 产品照明目前已经应用非常广泛，如手机屏幕的背光、LED 手电筒、路灯灯光，以及酒店、家居空间中到处都有 LED 的身影。本任务 LED 手电筒外形、结构如图 2-13 所示。

1．高亮度 LED 照明电路设计

运行 Proteus 软件，新建"高亮度 LED 照明电路"设计文件。按照图 2-14 所示，放置并编辑 BATTERY（干电池）、LED-RED（红色发光二极管）、SW-SPST（单刀单掷开关）和电阻（RES）等元件。设计完成高亮度 LED 照明电路后，进行电气规则检测。

2．高亮度 LED 照明电路仿真运行调试

（1）运行 Proteus 软件，打开"高亮度 LED 照明电路"。在 LED 两端并联一个直流电压表，

在电路中串联一个直流毫安表，对高亮度 LED 照明电路的电压和电流进行监控，如图 2-15 所示。

图 2-13　LED 手电筒

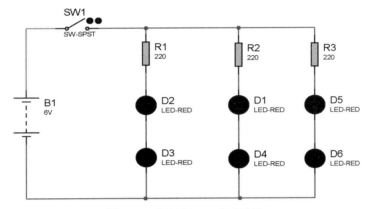

图 2-14　高亮度 LED 照明电路

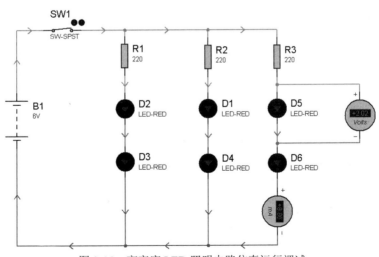

图 2-15　高亮度 LED 照明电路仿真运行调试

（2）单击全速运行仿真。单击工具栏的"运行"按钮 ▶ ，首先闭合 S，仿真运行结果如图 2-15 所示。

### 2.3.2 多 LED 灯具光源设计

在"高亮度 LED 照明电路"中，LED 的连接方式有串联也有并联，对于不同的连接方式，各自有怎样的特点呢？

1. LED 串联电路

（1）LED 串联连接方法

在图 2-15 中，发光二极管 D2 和 D3、D1 和 D4、D5 和 D6 分别是三个支路，每个支路是采用串联方式连接起来的。串联连接方法是：一个发光二极管的阴极与另一个发光二极管的阳极连在一起，称为 LED 的串联。

其中，R1、R2 和 R3 为限流电阻，主要限制流过发光二极管的电流大小，不能超过发光二极管的额定电流值。

（2）LED 串联特点

LED 串联具有的特点：流过每个 LED 的电流相同，电源电压要大于这些串联的 LED 的正向导通电压之和。

2. LED 的并联

（1）LED 并联连接方法

在图 2-15 中，发光二极管的三个支路是采用并联方式连接起来的。并联连接方法是：一个发光二极管的阴极与另一个发光二极管的阴极连在一起，阳极与阳极连在一起的连接方式，称为 LED 的并联。

（2）LED 并联特点

LED 并联具有的特点：流过每个 LED 的电流不一定相同，但并联的 LED 其两端电压相同，并且电源电压要大于这些并联的 LED 的正向导通电压。

### 2.3.3 认识发光二极管

半导体发光器件包括半导体发光二极管、数码管及点阵式显示屏等。事实上，数码管、点阵式显示屏中的每个发光单元都是一个发光二极管。

1. 发光二极管工作原理

发光二极管是半导体二极管的一种，可以把电能转化成光能，常简写为 LED。

发光二极管是由III-IV族化合物，如 GaAs（砷化镓）、GaP（磷化镓）、GaAsP（磷砷化镓）等半导体制成的。同普通二极管一样，也由一个PN 结组成，也具有单向导电性。此外，在一定条件下，还具有发光特性。

（1）当给发光二极管加上正向电压后，电子由 N 区注入 P 区，空穴由 P 区注入 N 区。进入对方区域的少数载流子（少子）一部分与多数载流子（多子）复合而发光。电子与空穴复合都是发生在 PN 结附近数微米内，发光的复合量相对于非发光的复合量的比例越大，光量子效率越高。

（2）不同的半导体材料中，电子和空穴处的能量也不一样。这样就在电子和空穴复合时，释放出的能量也不同，释放出的能量越多，则发出的光的波长越短。

发光二极管有红光、橙光、绿光、蓝光、白光等。另外，有的发光二极管还包含两种或三种颜色。LED 的优点是亮度高、电压低、体积小、可靠性高、寿命长、响应速度快、颜色鲜。

**2. 发光二极管伏安特性**

下面来分析下发光二极管的特性。发光二极管的伏安特性如图 2-16 所示。

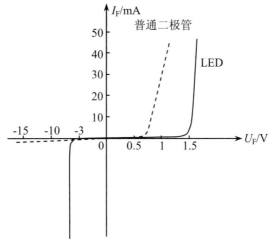

图 2-16　发光二极管的伏安特性

（1）正向工作电压：比普通二极管高，约 1.2V～2.5V。

（2）反向击穿电压：比普通二极管低，约 5V 左右。

它的正向伏安特性曲线很陡，使用时必须串联限流电阻以控制通过管子的电流。限流电阻 $R$ 可用下式计算：

$$R = (E - UF) / I_F$$

式中 $E$ 为电源电压，$U_F$ 为 LED 的正向压降，$I_F$ 为 LED 的一般工作电流。

**【技能训练 2-4】　发光二极管识别与检测**

**1. 目测发光二极管极性**

如何通过目测来判别发光二极管的正、负电极呢？

发光二极管有两个引脚，通常长引脚为正极，短引脚为负极。由于发光二极管呈透明状，所以管壳内的电极清晰可见，内部电极较宽较大的一个为负极，而较窄且小的一个为正极。

**2. 用指针式万用表检测极性**

在万用表外部附接一节 1.5V 干电池，将万用表置 R×10 或 R×100 挡。这种接法就相当于给万用表串接上了 1.5V 电压，使检测电压增加至 3V（发光二极管的开启电压为 2V）。

检测时，用万用表两表笔轮换接触发光二极管的两管脚。若管子性能良好，必定有一次能正常发光，此时，黑表笔所接的为正极，红表笔所接的为负极。

# 2.4 【技能拓展】 高亮度 LED 应用

## 2.4.1 高亮度 LED

**1. 认识高亮度 LED**

发光二极管（Light Emitting Diode，LED）发明于 20 世纪 60 年代，它是利用半导体材料中的电子和空穴相互结合并释放出能量，使得能量带（Energy Gat）位阶改变，以发光显示其所释放出的能量。

LED 具有体积小、寿命长、驱动电压低、耗电量低、反应速率快、耐震性佳等优点，被广泛应用于信号指示、数码显示等领域。随着技术的不断进步、市场的广泛应用，高亮度 LED 得到了空前的发展。

**2. 高亮度 LED 特点**

（1）寿命长、耗电量低：寿命长达 10 万小时，消耗能量较同光效的白炽灯减少 90%；

（2）高效率：发光效率可达 80%～90%，LED 比节能灯还要节能 1/4；

（3）适用性：尺寸很小，每个单元 LED 可以制备成各种形状的器件，并且适用于易变的环境；

（4）色彩鲜艳，光色单纯：以红色交通信号灯为例，采用低光效的 140W 白炽灯作为光源，和采用高光效的 14W 红色 LED 作为光源，可产生同样的光效；

（5）点亮速度快：汽车信号灯是 LED 光源应用的一个重要领域，由于 LED 响应速度快（ns 级），在汽车上安装 LED 刹车灯，可以减少汽车追尾事故的发生；

（6）驱动电压低：LED 使用低压电源，供电电压在 6～24V 之间；

（7）对环境污染小：无有害金属汞。

## 2.4.2 高亮度 LED 应用

高亮度 LED 已经应用在社会各个领域中，包括宇航、飞机、汽车、工业、通信、消费等，遍及各行各业和千家万户。

**1. 汽车信号指示灯**

汽车指示灯在车的外部主要是方向灯、尾灯和刹车灯；在车的内部主要是各种仪表的照明和显示。高亮度 LED 用于汽车指示灯，与传统的白炽灯相比，具有许多优点，在汽车产业中有着广泛的市场。

2. 交通信号指示灯

用高亮度 LED 取代白炽灯用于交通信号灯、警示灯、标志灯现已遍及世界各地，市场广阔，需求量增长很快。

3. 大屏幕显示

大屏幕显示是超高亮度 LED 应用的另一个巨大市场，包括图形、文字、数字的单色、双色和全色显示。

4. 固体照明灯

全色高亮度 LED 的实用化和商品化，使照明技术面临一场新的革命，由多个高亮度红、蓝、绿三色 LED 制成的固体照明灯不仅可以发出波长连续可调的各种色光，而且还可以发出亮度可达几十烛光到一百烛光的白色，成为照明光源，如图 2-17 所示。

图 2-17　高亮度 LED 照明的大桥

对于具有相同发光亮度的白炽灯和 LED 固体照明灯来说，LED 固体照明灯的功耗只是白炽灯的 10%～20%，白炽灯的寿命一般不超过 2000 小时，而 LED 灯的寿命长达数万小时。这种体积小、重量轻、方向性好、节能、寿命长、耐各种恶劣条件的固体光源在照明方面的一些应用，如图 2-18 所示。

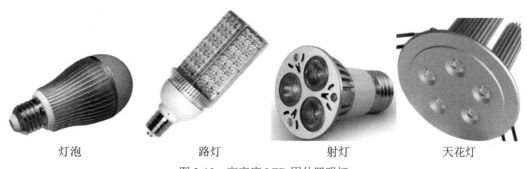

灯泡　　　　　　路灯　　　　　　射灯　　　　　　天花灯

图 2-18　高亮度 LED 固体照明灯

**关键知识点小结**

1. 在自然界中存在着各种物质，它们的导电性能各不相同。按其导电能力的强弱，可以分为三大类：导体、半导体和绝缘体。

2. PN 结的基本特性是单向导电性。

3. 描述半导体二极管的端压 $U$ 与流过它的电流 $I$ 之间的关系的曲线称为伏安特性曲线，分为正向特性曲线和反向特性曲线。

4. 了解二极管的技术参数是正确使用二极管的前提，不同型号的二极管有不同的参数值。主要有最大整流电流、最高反向工作电压、最大反向电流等。

5. 发光二极管是半导体二极管的一种，可以把电能转化成光能；常简写为 LED。

6. LED 的连接方式有串联也有并联。

LED 串联具有的特点：流过每个 LED 的电流相同，电源电压要大于这些串联的 LED 的正向导通电压之和。

LED 并联具有的特点：流过每个 LED 的电流不一定相同，但并联的 LED 其两端电压相同，并且电源电压要大于这些并联的 LED 的正向导通电压。

**问题与讨论**

2-1 自然界的各种物质按照导电能力的强弱可分为哪几类？简述其定义并举例。

2-2 半导体二极管主要是由什么构成的？其基本特性是什么？

2-3 什么是半导体二极管的伏安特性曲线？有什么样的特点？

2-4 半导体二极管有哪些技术参数？

2-5 简述发光二极管的伏安特性。

2-6 怎样识别与检测发光二极管？

2-7 高亮度 LED 主要应用在什么场合？

2-8 分析图 2-19 所示电路中各二极管的工作状态，试求下列几种情况下输出端 Y 点的电位。①$U_A=U_B=0V$；②$U_A=5V$，$U_B=0V$；③$U_A=U_B=5V$。二极管的导通电压 $U_{on}=0.7V$。

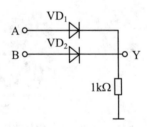

图 2-19　2-8 题图

# 3

# 直流稳压电源电路设计与实现

### 终极目标

能完成+5V 的直流稳压电源仿真电路设计，能完成+5V 直流稳压电源电路的仿真运行与调试。

### 促成目标

1. 掌握变压电路的构成与工作原理；
2. 掌握整流电路的构成与工作原理；
3. 掌握滤波电路的构成与工作原理；
4. 掌握稳压电路的构成与工作原理。

## 3.1 工作模块 4 变压电路设计与实现

直流稳压电源电路是由变压电路、整流电路、滤波电路和稳压电路组成的，本模块的工作任务是完成变压电路设计，实现把 220V、50Hz 的交流电转化为 9V、50Hz 的交流电。

### 3.1.1 变压电路设计

1. 变压电路 Proteus 仿真设计

根据工作任务要求，需要设计一个能把 220V（50Hz）交流电转化为 9V（50Hz）交流电的变压电路。下面我们采用 Proteus 仿真软件来设计输出 9V 的变压电路。

（1）启动 Proteus 仿真软件，新建一个"变压电路"设计文件，并对图纸尺寸和网格等进行设置。

（2）添加交流电压源"ALTERNATOR"和 2 端原边 2 端副边变压器"TRAN-2P2S"等元器件。

（3）放置元器件并调整位置，然后把元器件的引脚用导线连接起来，如图 3-1 所示。

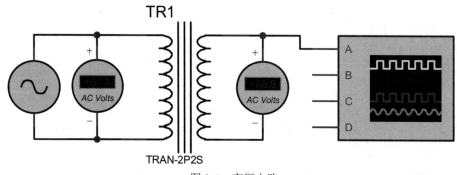

图 3-1 变压电路

其中，虚拟仪器是为了形象地观察变压电路工作效果。添加虚拟仪器的方法是单击工具箱图标按钮，添加一个示波器"OSCILLOSCOPE"、两个交流电压表"AC VOLTMETER"，并按图 3-1 连接。

（4）修改交流电压源幅值为 312V（电压表读出的有效值为 220V）、频率为 50Hz，如图 3-2 所示。

修改变压器（降压变压器）原、副边电感值分别为 6.0H 和 0.01H（副边电压表读出的为 9V），如图 3-3 所示。

2. 变压电路仿真运行调试

单击"开始"按钮，变压电路开始仿真运行，如图 3-4 所示。从交流电压表上可以看出，变压器（原边）输入的交流电压是 220V，变压器（副边）输出的是 9V。

变压器的原边输入的交流电是正弦波，示波器仿真显示了副边输出的波形也是正弦波，如图 3-5 所示。到此就完成了变压电路设计，然后单击"停止"按钮停止仿真运行。

在仿真运行过程中，若电路没有满足功能要求，我们需要修改电路和变压器参数，直到满足要求为止。

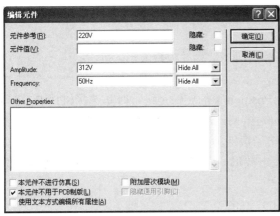

图 3-2　交流电压源参数设置

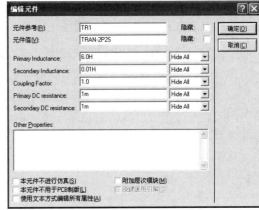

图 3-3　变压器参数设置

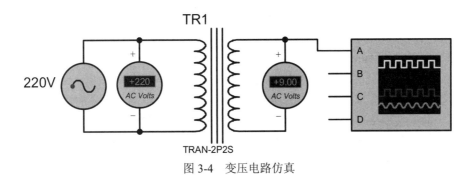

图 3-4　变压电路仿真

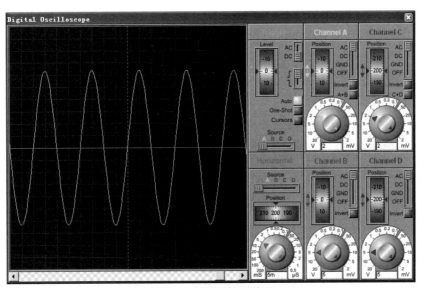

图 3-5　变压器输出波形

**【技能训练 3-1】 虚拟示波器的使用**

示波器有 A、B、C、D 四个通道，可以最多接四路信号并观察波形。

1. 计算周期和频率

Horizontal 下的 Position 是调节水平位移的，Position 下的旋钮是进行时基选择（TIME/DIV）和微调的，通过调节可以改变波形宽度，内旋钮是微调，外旋钮是粗调，旋钮上面的数字代表每格多少时间，该数字乘以波形一个周期占的格子数即为周期。

从图 3-5 的示波器中可以读出输出的交流电波形一个周期占 4 格，每格时间是 0.005s（5ms），一个周期是：

$$T = 5 \times 0.005 = 0.02\text{s}$$

由于周期和频率是倒数关系，那么输出的频率是：

$$f = \frac{1}{T} = \frac{1}{0.02} = 50\text{Hz}$$

2. 计算输出电压

每个通道下面的 Position 是调节垂直位移的，Position 下面的旋钮是进行垂直偏转因数选择（VOLTS/DIV）和微调的，通过调节可以改变波形幅度，内旋钮是微调，外旋钮是粗调，旋钮上面的数字代表每格多少电压，该数字乘以波形正半周或负半周上下占的格子数即为电压。

从图 3-5 的示波器中可以读出，输出的交流电波形最大幅值占 6 格多，每格电压是 2V，输出的交流电最大值大约是 12.73V。由于正弦交流电的有效值等于最大值乘以根号 2 的倒数，根号 2 的倒数是 0.707，因此可得有效值等于最大值乘以 0.707。

即输出的有效值是：12.73×0.707≈9V。

### 3.1.2  认识变压器

变压器是一种静止的电气设备。它是根据电磁感应的原理，将某一等级的交流电压和电流转换成同频率的另一等级电压和电流的设备。变压器具有变换交流电压、交换交流电流和变换阻抗的功能，它在电力系统和电子电路中得到了广泛的应用。

1. 交流电

在生产和生活中，更多遇到的是大小和方向都随时间周期变化的电源，我们把这种电源称为交流电。若周期变化为正弦规律，则称为正弦交流电源，其电流和电压也是正弦规律的。

（1）周期

正弦交流电完成一次循环变化所用的时间叫做周期，用字母 $T$ 表示，单位为秒：s。显然正弦交流电流或电压相邻的两个最大值（或相邻的两个最小值）之间的时间间隔即为周期。

（2）频率

交流电周期的倒数叫做频率，用符号 $f$ 表示，国际单位是：赫兹（Hz），即 $f = 1/T$。它表示正弦交流电流在单位时间内作周期性循环变化的次数，即表征交流电交替变化的速率（快慢）。

2．变压器分类

（1）按用途可分为电力变压器、整流变压器、仪用变压器、特种变压器；

（2）按相数可分为单相、三相、多相变压器；

（3）按结构可分为双绕组变压器、三绕组变压器、多绕组变压器、自耦变压器等；

（4）按冷却方式可分为干式、油浸式、充气式变压器。

3．变压器基本组成

变压器主要是由铁芯和两个绕组等构件组成的。

（1）铁芯

铁芯既是磁路，也是套装绕组的骨架。包括心柱（套有绕组）和铁轭（形成闭合磁路），由 0.35～0.5mm 厚硅钢片叠成或非晶合金制成。结构上分为心式和壳式，电力变压器主要用心式，小容量变压器主要用壳式，如图 3-6 所示。

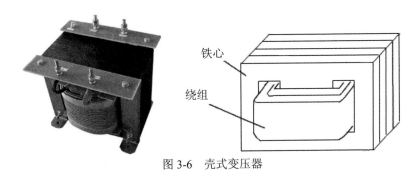

图 3-6　壳式变压器

（2）绕组

绕组是变压器的电路部分，用纸包或纱包的绝缘扁线或圆线绕成。高压绕组匝数多，导线细；低压绕组匝数少，导线粗。依照高低压绕组的相对位置分为同心式和交叠式。

### 3.1.3　变压器的工作原理

变压器的主要部件是一个铁心和套在铁心上的两个绕组。两个绕组互不相连，只有磁耦合没有电联系，能量的传递靠磁耦合。因而，变压器的工作过程是能量传送的过程，即由电能转化为磁能再转化为电能。

1．空载运行和电压变换

空载运行是指一次绕组侧接交流电源，二次绕组侧开路，不接负载时的运行情况，如图 3-7 所示。

当变压器的一次绕组加上交流电压 $u_1$ 时，一次绕组内便有一个交变电流 $i_0$（即空载电流）流过，并建立交变磁场。

根据电磁感应原理，分别在一、二次绕组产生电动势 $e_1$、$e_{\sigma1}$ 和 $e_2$。在一般变压器中，电阻压降很小，仅占一次绕组电压的 0.1%以下，故可近似认为 $u_1 \approx -e_1$。根据电磁感应定律可写出一次绕组的电动势方程式：

$$e_1 = -N_1 \frac{\mathrm{d}\phi}{\mathrm{d}t} = 2\pi f N_1 \Phi_m \sin(\omega t - 90^\circ) = E_{1m} \sin(\omega t - 90^\circ)$$

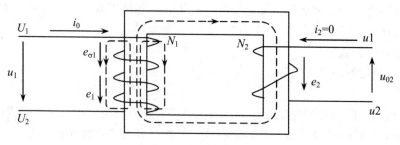

图 3-7　空载运行

其有效值为：

$$E_1 = 4.44 f N_1 \Phi_m$$

同理，可以写出二次绕组的有效值为：

$$E_2 = 4.44 f N_2 \Phi_m$$

由此，可得出：

$$k = \frac{E_1}{E_2} = \frac{N_1}{N_2} \approx \frac{U_1}{U_2}$$

式中 $k$ 为变压器的电压比，即变比。此式表明：变压器一次绕组、二次绕组的电压比等于两者的匝数比。当 $k>1$ 时为降压变压器，当 $k<1$ 时为升压变压器。

2. 带负载运行和电流变换

带负载运行是指一次绕组侧接交流电源，二次绕组侧接负载，如图 3-8 所示。

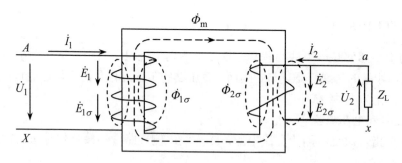

图 3-8　带负载运行

空载时一次磁动势 $F_0$ 产生主磁通 $\Phi_0$，负载时一次磁动势 $F_1$ 和二次磁动势 $F_2$ 共同作用产生 $\Phi_0$。$\Phi_0$ 大小主要取决于 $U_1$，只要 $U_1$ 保持不变，由空载到负载，$\Phi_0$ 大小基本不变。因此，磁动势平衡方程是：

$$\dot{F}_0 = \dot{F}_1 + \dot{F}_2$$

或写为：

$$N_1\dot{I}_1 + N_2\dot{I}_2 = N_1\dot{I}_0$$

负载运行时，可以忽略空载电流 $I_0$，上式可以改写为：

$$\dot{I}_1 \approx -\frac{N_2}{N_1}\dot{I}_2 = -\frac{\dot{I}_2}{k}$$

或写为：

$$\frac{I_1}{I_2} \approx \frac{N_2}{N_1} = \frac{1}{k}$$

由上式可以看出，一次绕组和二次绕组电流比近似与匝数成反比。可见，变压器的匝数不同，不仅能改变电压，同时也能改变电流。

### 【技能训练 3–2】 变压器检测

气味判断法：只要闻到绝缘漆烧焦的味道，就表明变压器正在烧毁或者已经烧毁过。

外表直观法：对变压器进行表面观察、仔细查看，如果发现表面明显烧坏、线圈短路、引脚接触不良、磁心断裂等都表示此变压器已损坏。

电阻检测法：测量线圈绕组的阻值一般很小，如果很大或者无穷大，表明线圈断路损坏；测量线圈与铁心之间的阻值，正常为无穷大，如果有阻值表明线圈和铁心短路漏电损坏。

电压测量法：通电测量输出级电压，如果测出电压值不符合正常输出值，表示已损坏。

## 3.2 工作模块 5 整流电路设计与实现

在工作模块 4 的基础上，利用二极管的单向导电性，设计一个桥式整流电路，完成把 9V 交流电变为脉动性直流电。

### 3.2.1 桥式整流电路设计

1. 桥式整流电路 Proteus 仿真设计

根据工作任务要求，需要设计一个能把 9V 交流电变为脉动直流电的桥式整流电路。下面我们采用 Proteus 仿真软件，来设计桥式整流电路。

（1）启动 Proteus 仿真软件，新建一个"桥式整流电路"设计文件，并对图纸尺寸和网格等进行设置。

（2）添加交流电压源"ALTERNATOR"、2 端原边 2 端副边变压器"TRAN-2P2S"、电阻

RES、二极管 DIODE、整流桥 BRIDGE 等元器件。

（3）放置元器件并调整位置，然后把元器件的引脚用导线连接起来，如图 3-9 所示。

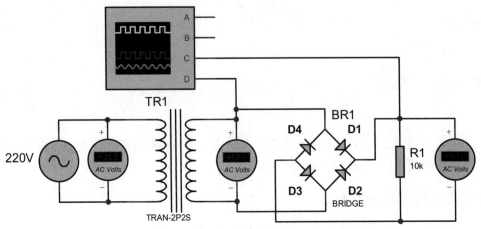

图 3-9　桥式整流 Proteus 仿真电路

其中，虚拟仪器是为了形象地观察整流电路工作效果。添加虚拟仪器的方法是单击工具箱图标按钮，添加一个示波器"OSCILLOSCOPE"、三个交流电压表"AC VOLTMETER"，并按图 3-9 连接。

（4）桥式整流设置同工作模块 4。

2. 桥式整流电路仿真运行调试

单击"开始"按钮开始桥式整流电路仿真运行，如图 3-10 所示。从交流电压表上可以看出，桥式整流电路输入的交流电压是 8.97V（这个电压比 9V 低，是由于加上负载造成的），桥式整流电路输出的是 7.95V。

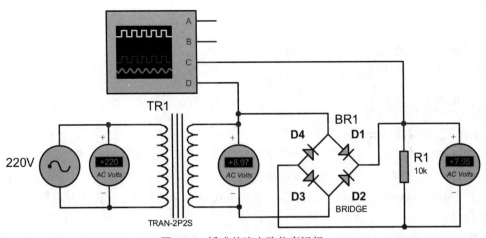

图 3-10　桥式整流电路仿真运行

示波器仿真显示了桥式整流电路输入端的交流电是正弦波，如图 3-11 所示的 D 通道，同时也显示了输出端的波形是脉动直流电，如图 3-11 所示的 C 通道。到此就完成了整流电路设计，然后单击"停止"按钮 ▮▮ 停止仿真运行。

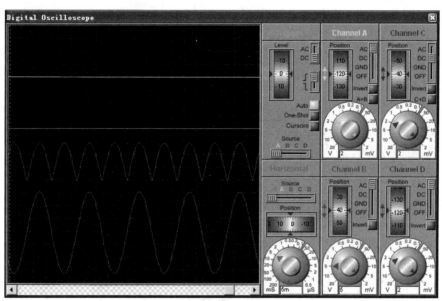

图 3-11　桥式整流电路输出波形

在仿真运行过程中，若电路没有满足功能要求，我们需要修改电路和参数，直到满足要求为止。

### 3.2.2　整流电路

整流电路的作用是将变压电路输出的交流电转换成单向脉动性直流电，这就是交流电的整流过程，整流电路主要由整流二极管组成。经过整流电路之后的电压已经不是交流电压，而是一种含有直流电压和交流电压的混合电压。习惯上称为单向脉动性直流电压。

整流电路主要有半波整流电路、全波整流电路和桥式整流电路三种。

1. 半波整流电路

（1）半波整流 Proteus 仿真电路

新建"半波整流电路"设计文件，添加元器件同工作模块 5，其中二极管是"DIODE"。半波整流 Proteus 仿真电路，如图 3-12 所示。

对半波整流电路进行 Proteus 仿真运行，示波器仿真显示了半波整流电路输入端的交流电是正弦波，如图 3-13 所示的 A 通道。同时，也显示了输出端的波形是单向脉动性直流电压，如图 3-13 所示的 B 通道。在半波整流输出的波形中，可以看到交流电的负半周被"削"掉了，只有正半周通过负载电阻。

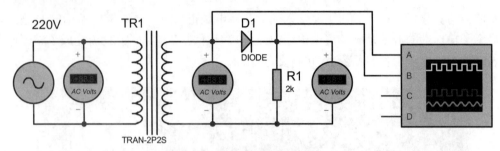

图 3-12　半波整流电路

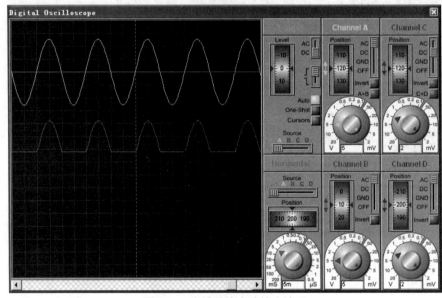

图 3-13　半波整流电路输出波形

在使用 Proteus 仿真软件上的示波器时，由于在负半周二极管不导通，为了让信号能回到负极，需要在电阻下方接地。否则信号回不到负极，示波器就不能正确显示波形。

（2）半波整流电路工作原理

半波整流电路是一种最简单的整流电路，由电源变压器、整流二极管和负载电阻组成。在半波整流电路中，只用一个二极管。半波整流电路工作原理如下：

1）当交流电处于正半周时（在 0～π 时间内），二极管因承受正向电压而导通，通过二极管加在负载电阻上。

2）当交流电处于负半周时（在 π～2π 时间内），二极管因承受反向电压而截止，负载电阻上没有电压。

3）在 2π～3π 时间内，重复 0～π 时间的过程，而在 3π～4π 时间内，又重复 π～2π 时间的过程。就这样反复下去，交流电的负半周就被"削"掉了，只有正半周通过负载电阻，在负载电阻上获得了半周的电压，如图 3-13 所示，达到了整流的目的。

由于负载上得到的电压为半波电压，以及负载电流的大小还随时间而变化，因此，通常称它为单向脉动性直流电。这种单向脉动性直流电主要成分仍然是 50Hz 的，因为输入的交流电频率是 50Hz，半波整流电路只是去掉了交流电的半周，并没有改变单向脉动性直流电中交流成分的频率。

半波整流电路简单易行，所用二极管数量少。但是由于它只利用了交流电压的半个周期，所以输出电压低，交流分量大（即脉动大），效率低。因此，这种电路仅适用于整流电流较小，对脉动要求不高的场合。

2. 全波整流电路

（1）全波整流 Proteus 仿真电路

新建"全波整流电路"设计文件，添加交流电压源"ALTERNATOR"、2 端原边 3 端副边变压器"TRAN-2P3S"、电阻 RES、二极管 DIODE 等元器件，如图 3-14 所示。

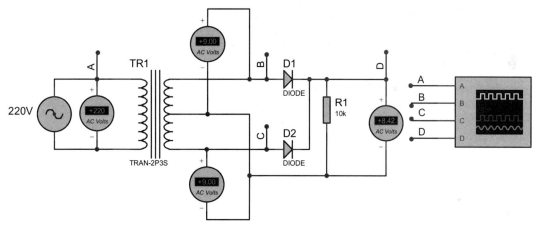

图 3-14　全波整流电路仿真运行

从图 3-14 可以看出，全波整流电路是由两个半波整流电路组合成的。变压器次级线圈（二次绕组）中间需要引出一个抽头，把次级线圈分成两个对称的绕组，从而引出大小相等但极性相反的两个电压，构成"次级上绕组、D1、R1"与"次级下绕组、D2、R1"两个通电回路。

为了形象地观察变压电路工作效果，按图 3-14 连接了一个示波器"OSCILLOSCOPE"、四个交流电压表"AC VOLTMETER"。

（2）全波整流 Proteus 仿真运行与调试

全波整流 Proteus 仿真运行，如图 3-14 所示。

从图 3-14 中的交流电压表上可以看出，全波整流电路输入的交流电压是 9V，全波整流电路输出的是单向脉动性直流电压 8.42V。

示波器在图 3-15 的 B 和 C 两个通道中，显示了全波整流电路输入端的交流电是正弦波。在图 3-15 的 D 通道中，显示了输出端的波形是单向脉动性直流电压。

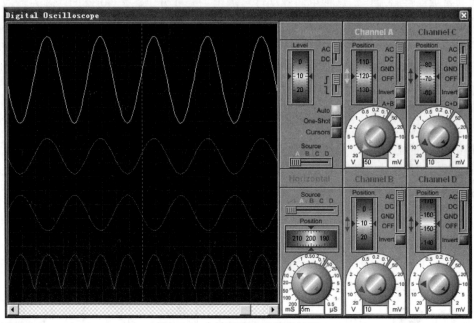

图 3-15　全波整流电路输出波形

（3）全波整流电路工作原理

全波整流电路，可以看作是由两个半波整流电路组合成的。从图 3-15 所示的波形图可以说明全波整流电路工作原理。

1）当交流电处于正半周时（在 0~π时间内），二极管 D1 因承受正向电压而导通，二极管 D2 因承受反向电压而截止，在负载电阻上得到上正下负的电压。

2）当交流电处于负半周时（在π~2π时间内），二极管 D2 因承受正向电压而导通，二极管 D1 因承受反向电压而截止，在负载电阻上得到的仍然是上正下负的电压。

3）在 2π~3π时间内，重复 0~π时间的过程，在 3π~4π时间内，又重复π~2π时间的过程。就这样反复下去，在负载电阻上获得了连续的脉动性直流电。

3．桥式整流电路

（1）桥式整流

桥式整流电路是一种应用广泛的电路，它由四个二极管接成电桥的形式。现在人们把接成桥式电路的四个二极管制作在一起，称为“全桥”或“桥堆”，应用起来更加方便，如图 3-16 所示。

（2）桥式整流电路工作原理

从图 3-11 所示的桥式整流电路输出波形图，可以说明桥式整流电路工作原理。

图 3-16　桥式整流电路及封装

1）当交流电处于正半周时（在 0～π时间内），二极管 D1、D3 因承受正向电压而导通，二极管 D2、D4 因承受反向电压而截止，构成"次级绕组、D1、R、D3"通电回路，在负载电阻 R 上得到上正下负的半波整流电压，如图 3-17（a）所示。

2）当交流电处于负半周时（在π～2π时间内），二极管 D2、D4 因承受正向电压而导通，二极管 D1、D3 因承受反向电压而截止，构成"次级绕组、D2、R、D4"通电回路，同样在负载电阻 R 上得到上正下负的另外半波整流电压，如图 3-17（b）所示。

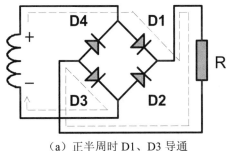
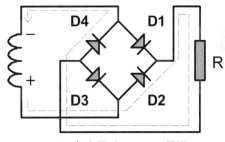

（a）正半周时 D1、D3 导通　　　　　　　（b）负半周时 D2、D4 导通

图 3-17　桥式整流电路工作原理

3）在 2π～3π时间内，重复 0～π时间的过程，在 3π～4π时间内，又重复π～2π时间的过程。就这样反复下去，在负载电阻 R 上获得了连续的脉动性直流电，如图 3-11 所示的桥式整流电路输出的波形。

【技能训练 3-3】　二极管整流元件选择

1. 二极管选择原则

用二极管作为整流元件，要根据不同的整流方式和负载大小加以选择。如选择不当，则或者不能安全工作，甚至烧了管子，或者大材小用，造成浪费。

2. 二极管替换

在高电压或大电流的情况下，如果手头没有承受高电压或整定大电流的整流元件，可以把二极管串联或并联起来使用。

（1）二极管并联

在整流电路中，使用二极管并联方式，如图 3-18 所示。

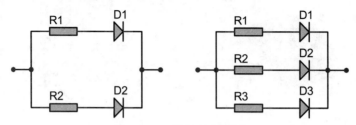

图 3-18　二极管并联使用

在图 3-18 中，两只二极管并联，每只分担电路总电流的一半。三只二极管并联，每只分担电路总电流的三分之一。总之，有几只二极管并联，流经每只二极管的电流就等于总电流的几分之一。

由于在实际并联运用时，各二极管特性不完全一致，不能均分所通过的电流，会使有的管子因为负担过重而烧毁。因此需在每只二极管上串联一只阻值相同的小电阻器，使各并联二极管流过的电流接近一致。这种均流电阻 R 一般选用零点几欧至几十欧的电阻器。电流越大，R 应选得越小。

（2）二极管串联

在整流电路中，使用二极管串联方式，如图 3-19 所示。

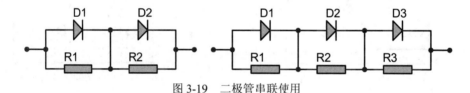

图 3-19　二极管串联使用

从图 3-19 可以看出二极管串联的情况。在理想条件下，有几只管子串联，每只管子承受的反向电压就应等于总电压的几分之一。

实际上，每只二极管的反向电阻不尽相同，会造成电压分配不均。内阻大的二极管，有可能由于电压过高而被击穿，并由此引起连锁反应，逐个把二极管击穿。在二极管上并联电阻 R，可以使电压分配均匀。均压电阻要取阻值比二极管反向电阻值小的电阻器，各个电阻器的阻值要相等。

## 3.3　工作模块 6　滤波电路设计与实现

在工作模块 5 的基础上，利用电容的充放电特性，设计一个电容滤波电路，实现把桥式

整流电路整流后的单向脉动性直流电变得更加平稳。

### 3.3.1 电容滤波电路

**1. 电容滤波电路 Proteus 仿真设计**

根据工作任务要求，需要设计一个能把单向脉动性直流电变得更加平稳的电容滤波电路。下面我们采用 Proteus 仿真软件，来设计电容滤波电路。

（1）启动 Proteus 仿真软件，新建一个"电容滤波电路"设计文件。

（2）在工作模块 5 的基础上，再添加一个电解电容 CAP-ELEC。

（3）放置元器件并调整位置，然后把元器件的引脚用导线连接起来，如图 3-20 所示。

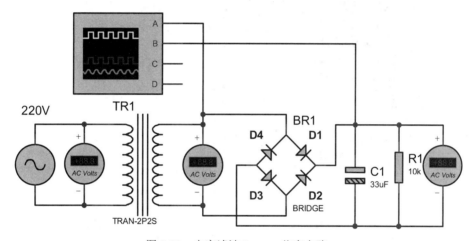

图 3-20 电容滤波 Proteus 仿真电路

**2. 电容滤波电路 Proteus 仿真运行与调试**

电容滤波电路 Proteus 仿真运行的波形，如图 3-21 所示。可以看出，A 通道显示的波形是桥式整流电路输入端的交流电波形，是正弦波；B 通道显示的波形是电容滤波电路输出端的波形，这个波形是通过电容滤波电路，对桥式整流电路输出的单向脉动性直流电压进行电容滤波后，获得的波形，比脉动直流电波形更加平滑。

在仿真运行过程中，若电路没有满足功能要求，我们需要修改电路和参数，直到满足要求为止。

**3. 电容滤波电路工作原理**

在桥式整流电路中，电容 C 和负载电阻 R 并联组成电容滤波电路。从图 3-22 所示的波形图可以说明电容滤波电路工作原理，其中图 3-22（a）为电容滤波电路输入的单向脉动直流电波形，图 3-22（b）为电容滤波电路输出的比较平滑波形（与锯齿波相似）

在整个周期内，电容滤波电路中总有二极管导通。这样通过不断地对电容充放电来完成滤波。

（1）当电容滤波电路输入电压大于电容两端电压时，电容进行充电，由于充电回路电阻很小，因而充电很快。在充电过程中，电容滤波电路输入电压和电容两端电压的变化是同步的。当在π/2 时，电容滤波电路输入电压达到峰值，电容两端的电压也近似充至电容滤波电路输入电压的峰值。充电过程如图 3-22（c）所示的锯齿波上升沿。

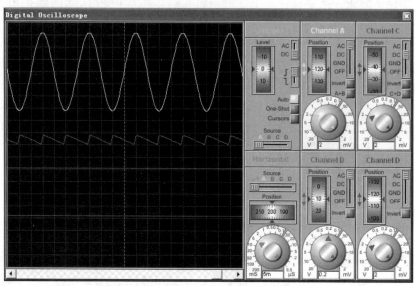

图 3-21    电容滤波电路 Proteus 仿真的波形

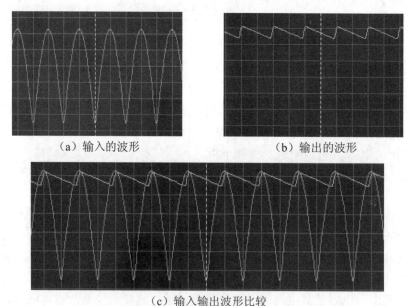

（a）输入的波形                    （b）输出的波形

（c）输入输出波形比较

图 3-22    电容滤波电路波形分析

（2）当电容滤波电路输入电压小于电容两端电压时，电容进行放电，直到电容滤波电路输入电压大于电容两端电压时放电结束，然后又进入充电过程。放电过程如图 3-22（c）所示的锯齿波下降沿。

综上所述，电容滤波电路原理就是利用电容的充放电作用，使输出电压趋于平滑。

电容滤波电路结构简单、输出电压高、脉动小。但是，在接通电源的瞬间，将产生强大的充电电流，这种电流称为"浪涌电流"，同时因负载电流太大，电容器放电的速度加快，会使负载电压变得不够平稳，所以电容滤波电路只适用于输出电压较高，负载电流较小，且负载变动不大的场合。

**注意：在接线时，要注意电解电容的正、负极。**

## 【技能拓展 3-1】 高压电子灭蚊蝇器设计与仿真

### 1. 用 Proteus 设计高压电子灭蚊蝇器

运行 Proteus 软件，新建"高压电子灭蚊蝇器"设计文件。按照图 3-23 所示，放置并编辑 SINE（交流信号源）、1N4007（二极管）、电解电容 CAP-ELEC 和开关 BUTTON（代替金属丝网）等元件。设计完成高压电子灭蚊蝇器后，进行电气规则检测。

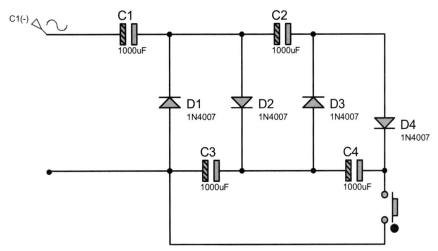

图 3-23　用 Proteus 设计高压电子灭蚊蝇器

### 2. 高压电子灭蚊蝇器电路用 Proteus 仿真运行调试

（1）运行 Proteus 软件，打开"高压电子灭蚊蝇器"，在交流信号源和金属丝网两端并联交流电压表，构建高压电子灭蚊蝇器如图 3-24 所示。

（2）全速运行仿真。单击工具栏的"运行"按钮　▶　，仿真运行结果如图 3-24 所示，四倍整流电路正常工作，输出电压约为输入电压 4 倍（说明：交流信号源所测电压读数为其有效值）。

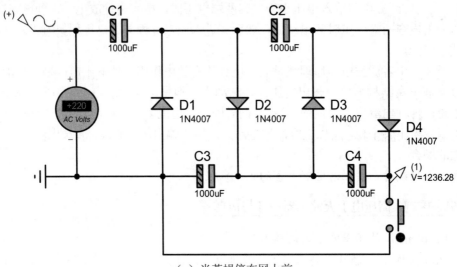

（a）当苍蝇停在网上前

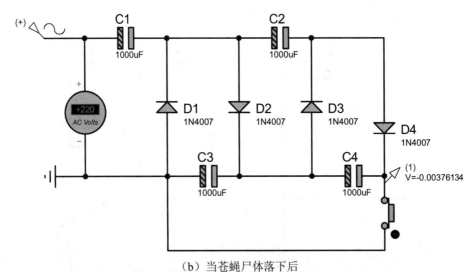

（b）当苍蝇尸体落下后

图 3-24　高压电子灭蚊蝇器仿真结果

　　高压电子灭蚊蝇器电路是利用倍压整流原理得到小电流直流高压电的灭蚊蝇器。220V交流经过四倍压整流后输出电压可达 1100V，把这个直流高压加到平行的金属丝网上。网下放诱饵，当苍蝇停在网上时造成短路，电容器上的高压通过苍蝇身体放电把苍蝇击毙。苍蝇尸体落下后，电容器又被充电，电网又恢复高压。这个高压电网电流很小，因此对人无害。由于昆虫夜间有趋光性，因此如在这个电网后面放一个 3W 荧光灯或小型黑光灯，就可以诱杀蚊虫和有害昆虫。

### 3.3.2 认识电容元件

**1. 电容器**

（1）电容器构成

电容器是由两块导电的平行板构成的，在板之间填充上绝缘物质或介电物质。电容器是储存电荷的容器，具有隔直流、通交流、阻低频、通高频等特性，主要用于储能、滤波、延迟。

常用电容器如图 3-25 所示。

| 陶瓷电容 | 电解电容 | 钽铌电解电容 | 排容 |

图 3-25　常见电容

电容器常用符号如图 3-26 所示。

电解电容　　固定电容　　可变电容

图 3-26　常用电容符号

（2）电容

电容器所带的电量 $Q$ 与电容器两极板间的电势差 $U$ 的比值叫电容器的电容，用 $C$ 表示。公式如下：

$$C = \frac{Q}{U}$$

电容器单位：F（法拉）、μF（微法）、nF（纳法）、pF（皮法或微微法），常用的是微法（μF）、皮法（pF）等。

换算关系为：$1F=10^6\mu F$；$1\mu F=10^3 nF=10^6 pF$。

**2. 电容器充放电过程**

电容器充电与放电是电容器的基本作用，决定了电容器有着种种不同的用途。

（1）电容器充电过程

若电容与直流电源相接，电路中有电流流通。两块板会分别获得数量相等的相反电荷，此时电容正在充电，其两端的电位差逐渐增大。一旦电容两端电压增大至与电源电压相等时，电容充电完毕，电路中再没有电流流动，而电容的充电过程完成。

由于电容充电过程完成后，就没有电流流过电容器，所以在直流电路中，电容可等效为开路或电阻为无穷大，电容上的电压不能突变。

（2）电容器放电过程

当切断电容和电源的连接后，电容通过电阻进行放电，两块板之间的电压将会逐渐下降为零，电容的放电过程完成。

电阻值和电容值的乘积被称为时间常数，这个常数描述电容的充电和放电速度。电容值或电阻值愈小，时间常数也愈小，电容的充电和放电速度就愈快，反之亦然。

电容几乎存在于所有的电子电路中，它可以作为"快速电池"使用。如在照相机的闪光灯中，电容作为储能元件，在闪光的瞬间快速释放能量。

3．电容的识别方法

电容器的标称电容量、允许偏差和额定工作电压一般都标注在电容器的外壳上，其标注方法有直标法、色标法、数码法和文字符号法。

（1）直标法

直标法是将容量、偏差、耐压等参数直接标注在电容体上，直标法常用于电解电容参数的标注。例如：

0.22μ 表示 0.22μF，510p 表示 510pF，33n2 表示 33.2nF。

（2）色标法

色标法是将容量、偏差用色环（或色点）标示在电容体上，其颜色所代表的数字与电阻器的色环完全一致，单位为 pF。此外，电容器的耐压也可以用颜色来表示。色标法只适用于小型电解电容，并且色点应标在正极引线的根部。

（3）数码法

在一些瓷片电容上，常用三位数字表示其标称电容量，单位为 pF。第一、二位数字表示容量的有效数值，第三位数字表示倍率，即 $10^n$，n=1-9。值得注意的是，n=9 表示 $10^{-1}$。例如：

103 表示 $10×10^3$pF=10000pF=0.01μF，479 表示 $47×10^{-1}$pF=4.7pF。

（4）文字符号法

使用文字符号法时，容量的整数部分写在容量单位符号的前面，容量的小数部分写在容量单位符号的后面。例如：

p68 表示 0.68pF，6p8 表示 6.8pF。

4．电容的主要性能指标

电容的主要性能指标有标称电容量、允许偏差、额定工作电压、绝缘电阻等。

（1）标称电容量

标称电容量是指标示在电容器上的"名义"电容量。

国家标准规定：固定式电容的标称电容量有 E6、E12、E24 三种系列，电解电容的标称电容量参考系列为 1、1.5、2.2、3.3、4.7、6.8（以μF 为单位）。

（2）允许偏差

允许偏差是指实际电容量对于标称电容量的最大允许偏差范围。固定电容的允许偏差分为八个等级，如表 3-1 所示。

表 3-1　固定电容的允许偏差等级

| 级别 | 01 | 02 | I | II | III | IV | V | VI |
|------|------|------|------|------|------|------|------|------|
| 允许偏差 | ±1% | ±2% | ±5% | ±10% | ±20% | ±20%～-30% | ±50%～-20% | ±100%～-10% |

（3）额定工作电压

额定工作电压是指电容器在规定的工作温度范围内长期、可靠地工作所能承受的最高电压。常用固定式电容的直流工作电压系列为：6.3、10、16、25、40、63、100、160、250、400（以 V 为单位）。

（4）绝缘电阻

绝缘电阻是指加在电容器上的直流电压与通过它的漏电流的比值。绝缘电阻越大越好，绝缘电阻一般应在 5000MΩ 以上，优质电容器可达 TΩ 级（$10^{12}$Ω）。

## 【技能拓展 3-2】　电感滤波电路设计与仿真

假若负载电阻 RL 很小，流过负载的电流很大时，这时若采用电容滤波电路，则电容容量势必很大，而且整流二极管的冲击电流也非常大，在此情况下应采用电感滤波。由于电感线圈的电感量要足够大，所以一般需要采用有铁心的线圈。

1. 电感滤波电路设计

电感滤波电路和电容滤波电路差不多，只是把电容换成了电感，电感元件名称为 IND-IRON（带铁芯的），如图 3-27 所示。

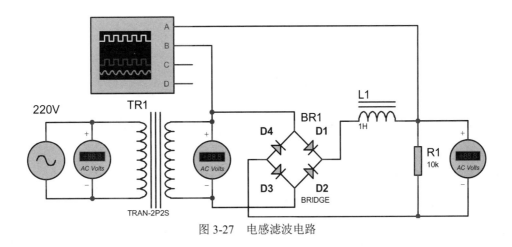

图 3-27　电感滤波电路

## 2. 电感滤波电路仿真运行与调试

电感滤波电路仿真运行情况，如图 3-28 所示。其中 A 通道是电感滤波后的波形，B 通道是电感滤波前的波形。

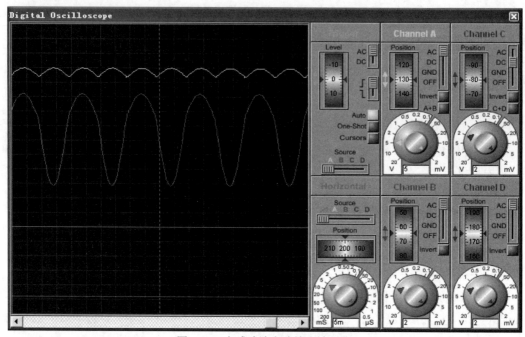

图 3-28　电感滤波电路输出波形图

## 3. 电感滤波电路工作原理

在流过电感的电流变化时，电感线圈中产生的感生电动势将阻止电流的变化。

（1）当通过电感线圈的电流增大时，电感线圈产生的自感电动势与电流方向相反，阻止电流的增加，同时将一部分电能转化成磁场能存储于电感之中。

（2）当通过电感线圈的电流减小时，自感电动势与电流方向相同，阻止电流的减小，同时释放出存储的能量，以补偿电流的减小。

因此，经电感滤波后，不但负载电流及电压的脉动减小，波形变得平滑，而且整流二极管的导通角增大。

电感滤波电路适用于负载电流较大、变化也较大，对输出电压脉动程度要求不太高的场合，例如晶闸管电路。

### 【技能训练 3–4】　电容、电感检测

#### 1. 电容检测

首先从感观上判断电容的好坏，如：铝电解电容表面上有明显积压变形、发鼓、漏液、

变形等现象直接更换；贴片电容表面上明显有烧焦变色现象也应直接更换。

外表没有明显损坏痕迹则应通过测量来判断好坏：一般 "100μF" 以下的电容可以用万用表电容挡测电容容量，"100μF" 以上的电容用可以万用表的二极管挡或者 "20K" 电阻挡去测量其阻值。

2. 电感检测

（1）外表直观法：如果发现线圈电感明显断路、接触不良、部分烧焦短路，都应该直接更换，线圈电感损坏时，一般会表现为发烫或电感磁环明显损坏。

（2）电阻检测法：电感线圈是由一根连续不断的漆包线绕成的，这根导线的阻值很小，用万用表的蜂鸣挡测量数值应该为零，如果无穷大则说明短路损坏。

贴片电感在电路中就是起限流保险的作用，也应该为通路，用万用表的蜂鸣挡测量数值应该为零，如果有数值或无穷大，都说明已经短路损坏。

# 3.4  工作模块 7  稳压电路设计与实现

 **工作任务**

在工作模块 6 的基础上，使用稳压二极管，设计一个+5V 稳压电路，实现把电容滤波电路滤波后的大于+5V 的趋于平滑直流电，转变为稳定的+5V 直流电。

### 3.4.1  稳压电路设计与实现

1. 稳压电路仿真电路设计

在工作模块 6 的基础上，添加一个稳压二极管 DIODE-ZEN，如图 3-29 所示。在这里稳定电压设置了 5V，限流电阻 R1 为 220Ω，负载电阻 R2 为 2kΩ，C1 为 470μF。

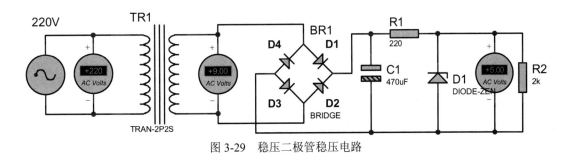

图 3-29  稳压二极管稳压电路

2. 稳压电路工作原理

稳压二极管实现稳压，就是利用其两端加反向电压，当反向击穿时，两端电压基本不变这一特性。

在这里，由稳压二极管 D1 和限流电阻 R1 组成的稳压电路是一种最简单的稳压电路。其中，限流电阻是必不可少的元件，它既限制稳压管中的电流使其正常工作，又与稳压管相配合以达到稳压的目的。一般情况下，在电路中有稳压管存在，就必然有与之匹配的限流电阻。

### 3.4.2　认识硅稳压管

1. 硅稳压管

稳压二极管，又叫齐纳二极管，简称稳压管。

稳压二极管是一种用特殊工艺制造的面接触型半导体二极管，击穿电压值低，正向特性和普通二极管一样。当反向电压加到某一定值时，反向电流剧增，产生反向击穿，反向击穿特性很陡峭。击穿时通过管子的电流在很大范围内变化，而管子两端的电压几乎不变，稳压二极管就是利用这一特性来实现稳压的。

在使用时，稳压二极管必须反向偏置；另外，稳压二极管可以串联使用，一般不能并联使用，因为并联有时会因电流分配不均而引起管子过载损坏。

2. 稳压二极管的主要参数

（1）稳定电压 $U_Z$

稳定电压 $U_Z$ 就是稳压管的反向击穿电压。

（2）稳定电流 $I_Z$

稳定电流 $I_Z$ 是指稳压管工作至稳压状态时流过的电流。当稳压管稳定电流小于最小稳定电流 $I_{Zmax}$ 时，没有稳定作用；大于最大稳定电流 $I_{Zmax}$ 时，管子因过流而损坏。

### 【技能训练 3-5】　稳压二极管识别与检测

稳压二极管是电子电路特别是电源电路中常见元器件之一，与普通二极管不同的是，它常工作于 PN 结的反向击穿区，只要其功耗不超过最大额定值，就不致损坏。

1. 稳压二极管的识别

常见的稳压二极管有两只引脚，除通过外壳的标志识别外，初学人员更应学会用万用表区别稳压二极管与普通二极管。

（1）稳压二极管正、负极的识别方法。稳压二极管正、负极的识别方法和普通二极管相同，可利用 PN 结正、反向电阻不同的特性进行识别，实践中常用指针式万用表的 R×1k 挡测量两引脚之间的电阻值，红、黑表笔互换后再测量一次。两次测得的阻值中较小的一次，黑表笔所接引脚为稳压二极管正极，红表笔所接引脚为负极。

（2）普通二极管与稳压二极管的区分方法。先将万用表置 R×1k 挡，按前述方法测出二极管的正、负极；然后将黑表笔接被测二极管负极，红表笔接二极管正极，此时所测为 PN 结反向电阻，阻值很大，表针不偏转。然后将万用表转换到 R×10k 挡，此时表针如果向右偏转一定角度，说明被测二极管是稳压二极管；若表针不偏转，说明被测二极管可能不是稳压二极管（以上方法仅适于测量稳压值低于万用表 R×10k 挡电池电压的稳压二极管）。

2. 稳压二极管的检测

用万用表 R×1k 挡测量其正、反向电阻，正常时反向电阻阻值较大，若发现表针摆动或其他异常现象，就说明该稳压管性能不良甚至损坏。用在路通电的方法也可以大致测得稳压管的好坏，其方法是用万用表直流电压挡测量稳压管两端的直流电压，若接近该稳压管的稳压值，说明该稳压二极管基本完好；若电压偏离标称稳压值太多或不稳定，说明稳压管损坏。

### 【技能训练 3-6】 使用三端集成稳压器 7812 设计+12V 直流稳压电源

使用三端集成稳压器 7812，设计一个直流稳压电源。实现将 220V、50Hz 的交流电转变为+12V 的直流电。

1. 直流稳压电源 Proteus 仿真电路设计

运行 Proteus 软件，新建"12V 直流稳压电源"设计文件。根据工作任务要求，添加变压器 TRAN-2P2S、BRIDGE、电解电容 CAP-ELEC、三端集成稳压器 7812、电阻 RES 等元器件，如图 3-30 所示。设计完成 12V 直流稳压电源后，进行电气规则检测。

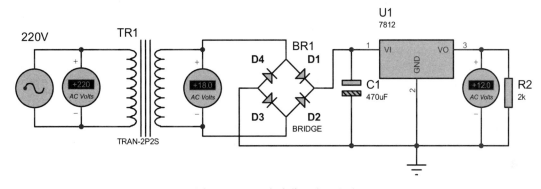

图 3-30    12V 直流稳压电源电路

2. 12V 直流稳压电源仿真运行调试

首先修改交流电压源幅值和变压器（降压变压器）原、副边电感值，分别为 1.5H 和 0.01H。然后单击工具栏的"运行"按钮，仿真运行结果如图 3-30 所示。

3. 认识三端集成稳压器

三端集成稳压器是将串联型稳压电路和过热、过流等保护电路都集成在一块半导体硅基片上。它具有体积小、可靠性高、稳定性好、接线简单、使用灵活、价格低廉等优点。

三端集成稳压器常用的有 78××、79×× 系列以及可调的 LM317 等，其中 ×× 两位数字代表输出电压的数值。

（1）78×× 系列输出固定的正电压有：5V、8V、12V、15V、18V、24V 等；

（2）79×× 系列输出固定的负电压有：-5V、-8V、-12V、-15V、-18V、-24V 等。

三端集成稳压器的三个引脚分别为：直流电压输入脚、直流电压输出脚和接地脚，如图 3-31 所示。

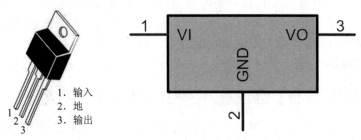

1. 输入
2. 地
3. 输出

图 3-31　78××/79××系列外形和图形符号

1．直流稳压电源包含整流、滤波和稳压三个部分。电源变压器将交流电源电压变换为整流需要的电压；整流电路将交流电压变换为单向脉动电压；滤波电路能够减少整流电压的脉动程度，以适合负载的需要；稳压电路能够稳定直流输出电压，使输出电压不受电源电压波动和负载变化的影响。

2．整流电路有单相、三相及半波及全波之分，单相桥式整流电路与单相半波整流电路相比，在相同的变压器副边电压下，对二极管的参数要求是一样的，并且还具有输出电压高、变压器利用率高、脉动小等优点，因此得到相当广泛的应用。

3．变压器是一种静止的电气设备。它是根据电磁感应的原理，将某一等级的交流电压和电流转换成同频率的另一等级电压和电流的设备。变压器具有变换交流电压、交换交流电流和变换阻抗的功能，它在电力系统和电子电路中得到了广泛的应用。

4．滤波电路有电容滤波、电感滤波、复式π形滤波电路。单一电容或电感构成的滤波电路，其滤波效果往往不够理想，在要求输出电压脉动更小的场合，常采用电感电容电路及有 $L$、$C$、$R$ 组成的复式π形滤波电路。

5．电容具有储存电能的作用，还具有"隔直通交"的特点。在电路中主要用于调谐、滤波、交流耦合、旁路和能量转换等。国产电容的型号一般由四个部分组成：主称、材料、特征、序号。电容的主要性能指标有标称电容量、允许偏差、额定工作电压、绝缘电阻等。电容的标注方法有直标法、色标法、数码法和文字符号法。

6．稳压电路主要有线性调整型稳压电路和开关型稳压电路两种。小功率电源多采用线性调整型稳压电路，其中三端集成稳压器由于使用方便，应用越来越广泛。大功率电源多采用开关型稳压电路，一般采用脉宽调制实现稳压。开关型稳压电路又分串联型和并联型，由于并联型开关稳压电路易实现多组电压输出和电源与负载间电气隔离，因而应用较广泛。

**问题与讨论**

3-1　直流稳压电源由哪几个部分组成？各组成部分的作用是什么？

3-2　什么是半波整流和全波整流？各自的特点和适用场合是什么？

3-3　变压器是怎样的一种设备？具有什么功能？

3-4　滤波电路有哪几种？各自的特点和适用场合是什么？

3-5　电容器具有什么特点？在电路中主要起什么作用？

3-6　电感器具有什么特点？在电路中主要起什么作用？

3-7　怎样识别与检测稳压二极管？

3-8　什么是三端集成稳压器？其作用是什么？

# 4

# LED 延时照明电路设计与实现

## 教学目标

**终极目标**

　　能完成 LED 延时照明电路和简易延迟门铃电路设计，能完成 LED 延时照明电路和简易延迟门铃电路的运行与调试。

**促成目标**

1. 掌握三极管的结构及特性；
2. 掌握场效应管及应用；
3. 会熟练地进行三极管的识别与检测。

## 4.1 工作模块 8 LED 延时照明电路设计与实现

　　利用三极管、发光二极管和阻容元件，设计一个 LED 延时照明电路。该电路主要由三极管放大电路和 RC 充放电电路组成。每当有人触及开关时，经过 5～10s 延迟照明后便自动熄灭。

#### 4.1.1　用 Proteus 设计 LED 延时照明电路

1. LED 延时照明电路设计

运行 Proteus 仿真软件，新建"LED 延时照明电路"设计文件。添加及放置三极管 NPN 和 PNP、电阻 RES、电解电容 CAP-ELEC、发光二极管 LED-RED、电感 INDUCTOR、开关 SWITCH、按钮 BUTTON 和电源 BATTERY 等元器件，如图 4-1 所示。设计完成 LED 延时照明电路后，进行电气规则检测。

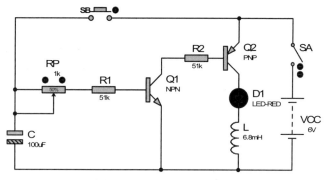

图 4-1　LED 延时照明电路

该电路主要由电路中 Q1 和 Q2 构成放大电路，能够将微弱的电流放大，Q1 是 NPN 型三极管，型号为 9013 或 3DG201 等，Q2 为 PNP 型三极管，型号为 9012 或 3CG21 等。在图 4-1 中，分别选用 NPN 和 PNP 通用三极管代替 Q1 和 Q2。SA 为延时照明电路总控制开关，SB 为触摸按键。

2. LED 延时照明电路仿真运行与调试

（1）运行 Proteus 软件，打开 LED 延时仿真电路。

（2）单击工具栏的"运行"按钮 ▶，首先闭合开关 SA，未按下（触摸）按钮 SB，LED 不发光，仿真运行结果如图 4-2 所示。

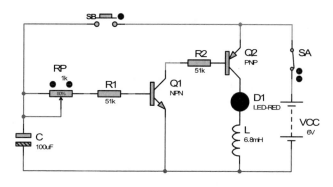

图 4-2　按下按钮 SA 仿真电路运行结果

（3）然后按下（触摸）按钮 SB，LED 点亮，仿真运行结果如图 4-3 所示。

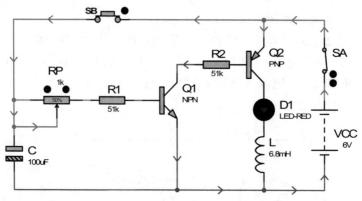

图 4-3　按下按钮 SB 后 LED 点亮运行结果

（4）最后松开按钮 SB，LED 延时点亮，仿真运行结果如图 4-4 所示。经过一段时间后自动熄灭，恢复到图 4-2 状态。

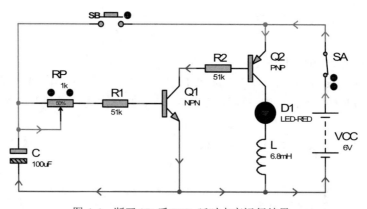

图 4-4　断开 SB 后 LED 延时点亮运行结果

### 4.1.2　LED 延时照明电路工作过程

（1）当 SA 闭合，SB 断开情况下，由于 Q1 基极无偏置电流无法工作，导致 LED 不能工作。

（2）当触摸（按下）SB 闭合后，电源对 C 进行充电，同时通过 RP 和 R1 为 Q1 提供合适的偏置电压，使得 Q1 和 Q2 先后导通，从而使 LED 发光。

（3）当 SB 断开后，电容 C 对外放电，将通过 RP 和 R1 继续维持 Q1 和 Q2 工作，当电容 C 为 Q1 提供的电压低于偏置电压时，Q1 和 Q2 先后截止，LED 断电自动熄灭。电解电容器的容量越大，充放电时间越长，LED 点亮时间越长；RP 阻值可以改变电容 C 放电时间长短，阻值越大放电时间越长，LED 工作时间越长。

说明：LED 串接小电感主要是为了保护灯泡，一般防爆手电筒灯泡多是在开关瞬间烧坏，串接一个小电感，可起限流作用，而电感对手电的亮度没有影响，但有效地延长了灯泡的使用寿命。小电感可用直径 0.1mm 的漆包线在一只 1/8w 的电阻（或废中周磁芯上）绕几十圈即成，有效地起到了保护灯泡的作用。

# 4.2　认识半导体三极管

## 4.2.1　三极管结构及类型

半导体三极管是由两个背靠背的 PN 结构成的。在工作过程中，两种载流子（电子和空穴）都参与导电，故也称为双极型晶体管，通常简称为三极管或晶体管。

### 1. 三极管结构

三极管的基本结构是由两个 PN 结构成的，根据 P、N 区排列方式不同，可以分为 NPN 和 PNP 两种类型，如图 4-5 所示。

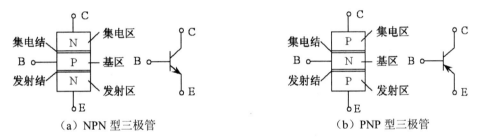

（a）NPN 型三极管　　　　　　　　　　（b）PNP 型三极管

图 4-5　三极管的结构和电路符号

位于中间的是基区，位于下层的是发射区，位于上层的是集电区，其中基区较另两个区要薄得多，且掺杂浓度也低得多。从这三个区向外引出的三个电极分别为基极、发射极和集电极，分别用 B、E 和 C 表示。两个 PN 结分别为发射区和基区间的发射结，集电区和基区间的集电结，集电结面积较发射结要大。

### 2. 三极管类型及符号

半导体三极管是电子电路中最重要的半导体器件，被广泛应用于各种电子线路。三极管的种类很多，按工作频率可分为高频管和低频管；按功率大小可分为大、中、小功率管；按半导体材料可分为硅管和锗管，按结构可分为 NPN 和 PNP 两种类型。

在电路中，三极管是用字母 T 或 Q 表示，NPN 型三极管和 PNP 型三极管的电路符号，如图 4-5 所示。常用的几种晶体管外形如图 4-6 所示。

注意：发射极上的箭头表示发射极电流 $I_E$ 的方向，NPN 管的 $I_E$ 是从发射极流出来的，PNP 管则相反。

图 4-6　常用三极管外形图

### 4.2.2　三极管的电流分配与电流放大作用

**1. 三极管的基本放大电路**

放大电路在放大信号时，总有两个电极作为信号的输入端，同时也应有两个电极作为输出端。

根据半导体三极管三个电极与输入、输出端的连接方式，可分为共发射极电路、共基极电路以及共集电极电路三种基本电路。以 NPN 型三极管为例，如图 4-7 所示。

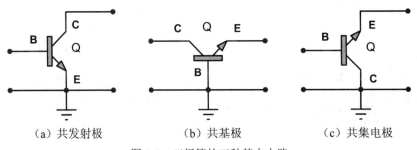

（a）共发射极　　　　（b）共基极　　　　（c）共集电极

图 4-7　三极管的三种基本电路

这三种电路的共同特点是，它们各有两个回路，其中一个是输入回路，另一个是输出回路，并且这两个回路有一个公共端，而公共端是对交流信号而言的。它们的区别在于：共发射极电路从基极和发射极之间输入，而从集电极和发射极之间输出；共基极电路则以基极作为输入、输出的公共端；共集电极电路则以集电极作为输入、输出的公共端。

**2. 三极管具有放大作用的条件**

三极管是一种具有放大作用的元件，被广泛应用于各类电子线路中，实现微弱信号放大作用。下面以 NPN 型三极管共发射极电路为例，来理解三极管实现电流放大作用的条件。

（1）三极管实现电流放大作用的外部条件

为了使三极管具有放大作用，其外部条件是必须使发射结处于正向偏置（也就是加正向电压），集电结处于反向偏置（加反向电压），如图 4-8 所示。

（2）三极管实现电流放大作用的内部条件

从三极管内部结构来看，三极管并非是两个 PN 结的简单组合，不能用两个二极管来代替，而是利用一定的掺杂工艺，制作出具有特殊内部结构的三极管，即三极管实现电流放大作用的内部条件。

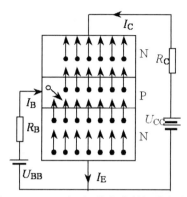

图 4-8　NPN 型三极管共发射极放大电路

1）发射区掺杂浓度很高，以便有足够的载流子通过发射结进入基区。

2）基区掺杂浓度极低且很薄，一般为几个微米，以减少载流子（自由电子）的复合机会。

3）集电区掺杂浓度界于发射极和基极之间，其面积比发射结的面积大，以顺利收集边缘载流子。

（3）三极管的电流分配

如图 4-8 所示，由于发射结处于正向偏置，发射区的多数载流子（自由电子）不断向基区扩散，形成发射极电流 $I_E$；在外部电场作用下，扩散到基区的自由电子绝大部分穿过集电结，形成集电极电流 $I_C$；只有少部分电子与基区的空穴复合，形成基极电流 $I_B$。

发射极电流 $I_E$、基极电流 $I_B$ 和集电极电流 $I_C$ 满足如下关系式：

$$I_E = I_B + I_C$$

基极电流 $I_B$ 比集电极电流 $I_C$ 小很多，$I_C$ 能比 $I_B$ 大到数十至数百倍，并且 $I_B$ 改变时，$I_C$ 也随之成比例改变，其比例关系可用如下公式表示：

$$\beta = \frac{I_C}{I_B} \text{ 或 } \beta = \frac{\Delta I_C}{\Delta I_B}$$

$\beta$ 称为三极管的电流放大系数。这就是晶体管的电流放大作用，也就是通常所说的基极电流对集电极电流的控制作用。

例如，$I_B$ 由 40μA 增加到 50μA 时，$I_C$ 将从 3.2mA 增大到 4mA，即：

$$\beta = \frac{\Delta I_C}{\Delta I_B} = \frac{(4 - 3.2) \times 10^{-3}}{(50 - 40) \times 10^{-6}} = 80$$

显然，双极型三极管具有电流放大能力。式中的 $\beta$ 值称为三极管的电流放大倍数。不同型号、不同类型和用途的三极管，$\beta$ 值的差异较大，大多数三极管的 $\beta$ 值通常在几十至几百的范围。

从上述分析可以看出，三极管微小的基极电流 $I_B$ 可以控制较大的集电极电流 $I_C$，故双极型三极管属于电流控制器件。

### 4.2.3 三极管的伏安特性

伏安特性曲线是用来表示三极管各电极电压与电流之间相互关系的，是分析三极管各种电路的重要依据。下面以 NPN 型三极管共发射极电路为例进行分析。

1. 输入特性曲线

输入特性曲线是指集电极与发射极之间电压 $U_{CE}$ 保持不变时，基极电流 $I_B$ 和 $U_{BE}$（基极和发射极之间电压）之间的关系曲线，其表达式为：

$$i_B = f(u_{BE})\big|_{u_{CE}} = 常数$$

在 $U_{CE} \geq 1V$ 时，晶体管集电结的电场已足够大，可以把从发射区进入基区的电子中的绝大部分吸引到集电极，$U_{CE}$ 变化对 $I_B$ 的影响可以忽略，故可认为 $U_{CE} \geq 1V$ 时的各条输入特性曲线基本重合，如图 4-9 所示。

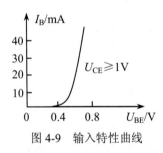

图 4-9　输入特性曲线

由图 4-9 可见，输入特性也有一段死区。当 $U_{BE}$ 超过某一数值后，$I_B$ 开始明显增大，该电压值称为死区电压。硅管的死区电压约为 0.5V，锗管约为 0.1V。三极管完全进入放大状态，正常工作情况下，硅管发射结的正向压降约为 0.7V，锗管约为 0.3V。

2. 输出特性曲线

输出特性曲线是指 $I_B$ 保持不变时，$I_C$ 和 $U_{CE}$ 之间的关系曲线，其表达式为：

$$i_c = f(u_{CE})\big|_{i_B} = 常数$$

对应于某一个 $I_B$ 值，就有一条相应的 $I_C - U_{CE}$ 曲线。也就是说，$I_B$ 取值不同，得到的输出特性曲线也不同，所以输出特性曲线是一族曲线，如图 4-10 所示。

从图可以看出，三极管的输出特性曲线可以分为三个工作区域。

（1）截止区

把 $I_B=0$ 这条曲线以下的区域称为截止区。三极管处于截止区的条件是发射结、集电结均处于反向偏置，即 $U_{BE}<0V$。

（2）放大区

放大区是输出特性曲线中近似平行于横轴（略有上翘）的曲线族部分。三极管处于放大区的条件是发射结处于正向偏置、集电结均处于反向偏置。

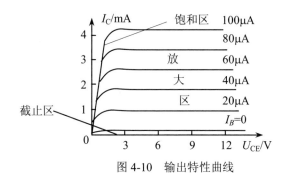

图 4-10　输出特性曲线

在三极管放大区中，$I_C$ 与 $I_B$ 大致成正比，即 $I_C=\beta I_B$，随 $I_B$ 增加 $I_C$ 也增加，三极管具有电流放大作用。

（3）饱和区

饱和区是输出特性曲线中靠近纵坐标轴、曲线上升部分的区域。

三极管处于放大区的条件是在 $U_{CE}<U_{BE}$ 时，发射结处于正向偏置、集电结均处于正向偏置。

在实际应用中，放大电路中的三极管工作在放大区，以实现放大作用。开关电路中的三极管工作在截止区或饱和区，相当于一个开关的断开或接通。

### 4.2.4　三极管的种类及技术参数

**1. 半导体三极管的分类**

三极管的种类很多，按照不同的分类标准，可以分成不同的类型。

（1）按材质分：硅管、锗管。

（2）按结构分：NPN、PNP。

（3）按功率分：小功率管、中功率管、大功率管。

（4）按工作频率分：低频管、高频管、超频管。

（5）按功能分：开关管、功率管、达林顿管、光敏管。

（6）按结构工艺分：合金管、平面管。

（7）按安装方式：插件三极管、贴片三极管。

**2. 半导体三极管的主要技术参数**

（1）电流放大系数 $\beta$。三极管的电流放大系数有直流电流放大系数和交流电流放大系数，在实际使用时，往往不严格区分它们。

常用小功率晶体管的 $\beta$ 值约为 20-150 之间。$\beta$ 值随温度升高而增大。在输出特性曲线图上，当温度升高时曲线向上移且曲线间的距离增大。

（2）穿透电流 $I_{CEO}$。为基极开路（$I_B=0$）时的集电极电流。$I_{CEO}$ 随温度的升高而增大。硅晶体管的 $I_{CEO}$ 比锗管要小 2-3 个数量级。

（3）集电极最大允许电流 $I_{CM}$。当晶体管工作时的集电极电流超过 $I_{CM}$ 时，晶体管的 $\beta$ 值将会明显下降。

（4）集电极最大允许耗散功率 $P_{CM}$。晶体管工作时集电极功率损耗 $P_C=I_C U_{CE}$。$P_C$ 的存在使集电结的温度上升，若 $P_C>P_{CM}$ 将会导致晶体管过热而损坏。

（5）集电极、发射极之间的反向击穿电压 $U_{(BR)CEO}$。基极开路时，集电极和发射极之间允许施加的最大电压。若 $U_{CE}>U_{(BR)CEO}$，集电结将被反向击穿。

### 【技能训练 4-1】 三极管识别检测

1. 三极管的极性判断及管型判断

把数字万用表打到二极管挡，首先用红表笔假定三极某一只引脚为 b 极，再用黑表笔分别触碰三极管其余两只引脚，如果测得有两次结果读数相差不大，并且在 600（单位为 mV）左右，则表明我们的假定是对的，红表笔接的就是 b 极，而且此管为 NPN 型管。c、e 极的判断，在两次测量中，测得读数较小的一次黑表笔接的是 c 极，读数较大的一次黑表笔接的 e 极。

PNP 型管的判断只须把表笔调换即可，测量方法同上。

2. 三极管的好坏判断

一般三极管测量得出的两个数值在 500-600 左右，反之则为不正常。三极管常见故障有短路、开路等。

（1）短路故障

三极管短路故障通常表现为 c-e 极短路、b-e 极短路或 b-c 极短路。无论哪两个极间短路，都呈现出很小的电阻值，甚至两极间的电阻值为 0。

（2）开路故障

就是指 c-e 极、b-e 极、b-c 极之间开路不能导通电流的情况。三极管出现了开路故障后，电阻值为无穷大。

## 4.3 工作模块 9 简易延迟门铃电路设计与实现

利用三极管、发光二极管、扬声器和阻容元件，设计一个简易延迟门铃控制电路。每当有人触及开关时，经过延迟发声后便自动停止。

### 4.3.1 用 Proteus 设计简易门铃电路

按照工作任务要求，简易门铃电路主要由三极管构成的互补型自激多谐振荡器和 RC 充放电电路组成。

1. 简易门铃电路设计

运行 Proteus 软件，新建"简易门铃电路"设计文件。添加及放置三极管 2N3904 和 2N3906、电阻 RES、电解电容 CAP-ELEC、电感 INDUCTOR、开关 SWITCH、按钮 BUTTON、电源 BATTERY 等元器件，如图 4-11 所示。设计完成简易门铃电路后，进行电气规则检测。

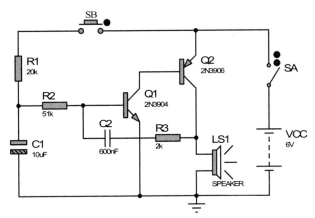

图 4-11　简易门铃电路仿真电路

其中，SA 为电源总开关，SB 代替触摸按键，三极管 Q1 与 Q2 组成互补型自激多谐振荡器，电路主要靠电阻 R3、电容 C2 构成的正反馈网络使电路起振。R1 和 C1 构成充放电回路，在 SB 断开情况下，由 C1 通过 R2 为 Q1 基极提供电压，扬声器延迟工作。

2. 简易门铃电路仿真运行调试

（1）运行 Proteus 软件，打开简易门铃仿真电路。

（2）单片机全速运行仿真，单击工具栏的"运行"按钮 ▶，首先闭合 SA，仿真运行结果如图 4-12 所示，由于 SB 断开，Q1 和 Q2 不起振，扬声器不工作。

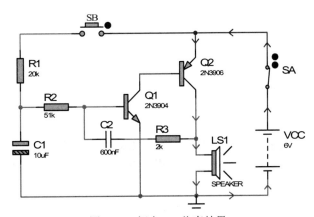

图 4-12　闭合 SA 仿真结果

（3）然后按下 SB，扬声器发出声音，仿真运行结果如图 4-13 所示。

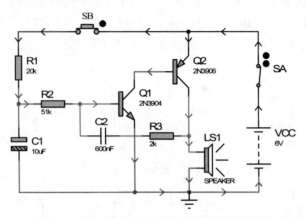

图 4-13　按下按钮 SB 后扬声器发声运行结果

（4）最后松开按钮 SB，扬声器延时发声，仿真运行结果如图 4-14 所示。经过一段时间延长后自动停止，恢复到图 4-12 状态。

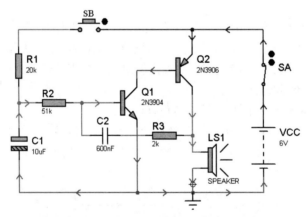

图 4-14　断开 SB 后扬声器延时发声运行结果

### 4.3.2　简易门铃电路工作原理

1. 认识震荡电路

不需要外加信号，就能自动地把直流电能转换成具有一定振幅和一定频率的交流信号的电路，称为振荡电路或振荡器。这种现象也叫做自激振荡。或者说，能够产生交流信号的电路就叫做振荡电路。

在图 4-14 中，三极管 Q1、Q2 组成互补式自激多谐震荡电路。该电路的震荡频率不仅取决于（R1+R2）C2 的时间常数，还取决于电容 C1 两端的冲放电压高低。

2．简易门铃电路工作过程

在门铃按钮 SB 未按下时，Q1、Q2 均处于截止状态，震荡电路不振荡，扬声器 LS1 无声，电路也基本上不耗电。

当客人来访按动 SB 时，电源通过电阻 R1 向电容 C1 充电，使 Q1 的基极电位上升，当电位升到 0.65V 左右时，Q1 导通，震荡电路即起振，振荡信号经过 Q2 放大后，经扬声器 LS1 发出声音。由于电容 C1 两端电压不断升高，使音调发生变化，像鸟叫声一样，十分有趣。当 C1 两端电压达到 1.5V 时，音调就不再发生变化而趋向稳定。

松开 SB 后，叫声仍能维持几秒钟。这几秒的叫声，音色奇特，时高时低，变化多端。当 C1 储存的电荷基本放完后，电路即停止振荡，并恢复到原先的截止状态。

### 4.3.3　三极管放大电路

1．单管共射放大电路

（1）电路组成与作用

单管共发射极放大电路是由晶体管、电阻、电容以及直流电源组成的，如图 4-15 所示。由信号源提供的信号 $u_i$ 经电容 $C_1$ 加到晶体管的基极与发射极之间，放大后的信号 $u_o$ 从晶体管的集电极（经电容 $C_2$）与发射极之间输出。

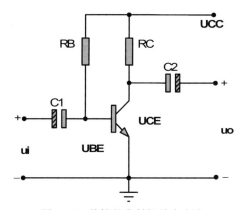

图 4-15　单管共发射极放大电路

电路以晶体管的发射极作为输入、输出回路的公共端，故称为共发射极放大电路。它是放大电路中应用最广泛的一种电路形式。电路中各元件的作用分别如下：

1）三极管 $T$

是 NPN 型晶体管，具有电流放大作用，是整个电路的核心。

2）集电极电源 $U_{CC}$

为晶体管提供放大所需的电压，实现电流放大作用。在这里，必须使其发射结处于正向偏置，集电结处于反向偏置。

3）偏置电阻 $R_B$

是使发射结处于正向偏置，并提供大小适当的基极电流，使三极管有一个合适的工作点。

4）集电极负载电阻 $R_C$

是将集电极电流的变化转换成电压的变化送到输出端，以实现将晶体管的电流放大作用转换为电路的电压放大作用。

输入信号 $u_i$ 的变化，会引起晶体管基极电流 $i_B$ 的变化，从而引起集电极电流 $i_C$ 的变化；而 $i_C$ 的变化又引起 $R_C$ 上的电压降 $R_C i_C$ 的变化，使晶体管集电极与发射极之间的电压 $u_{CE}$ 发生变化。若没有 $R_C$，则晶体管集电极的电位始终等于直流电源电压 $+U_{CC}$，而不会随输入信号变化，就不会有信号输出。

5）耦合电容 $C_1$ 和 $C_2$

是用于在传输交流信号时，隔断直流信号。

此电路的工作特点是，既能放大信号的电压又能放大信号的电流，而且输出信号与输入信号反相；输入电阻与输出电阻阻值适中，一般为几千欧，电压放大倍数一般在几十至几百倍，可用于电压信号的放大，常被用作多级放大器的中间级。

（2）三极管各电极电压与电流关系

在这里，分析三极管各电极电压与电流关系，采用的是静态分析方法。首先要画出单管共发射极放大电路的直流通路，在图 4-15 所示电路基础上，除去交流信号、短接电容（若有电感元件，按"开路"处理），再把直流电源 $U_{CC}$ 分别画于输入电路和输出电路中，如图 4-16所示。

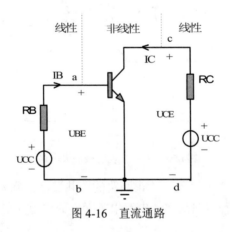

图 4-16　直流通路

然后，我们再利用基尔霍夫定律，对图 4-16 中的三极管各电极电压与电流进行分析。分析如下：

1）基极电流：

$$I_B = \frac{U_{CC} - U_{BE}}{R_B}$$

式中 $U_{BE}$ 是三极管基、射极间电压，硅管约为 0.7V。

2）集电极电流为：

$$I_C = \beta I_B$$

3）集、射极间电压：

$$U_{CE} = U_{CC} - R_C I_C$$

由上分析可见，放大电路的静态工作点既与三极管的特性有关，又与放大电路的结构有关。当电源电压 $U_{CC}$ 和直流负载电阻 $R_C$ 选定后，静态工作点便由 $I_B$ 所决定。通常用调节偏置电路 $R_B$ 的办法调节各静态值，使放大电路获得一个合适的静态工作点。

2. 多级放大电路

由于实际待放大的信号一般都在毫伏或微伏级，非常微弱。要把这些微弱信号放大到足以推动负载（如喇叭、显像管、指示仪表等）工作，单靠一级放大器常常不能满足要求，这就要求将两个或两个以上的基本单元放大电路联结起来组成多级放大器，使信号逐级放大到所需要的程度。其中，每个基本单元放大电路为多级放大器的一级。级与级之间的联结方式叫耦合方式。

常用的耦合方式有阻容耦合、直接耦合和变压器耦合。在这里，只介绍阻容耦合多级放大器，如图 4-17 所示。

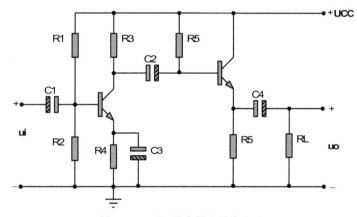

图 4-17　两级阻容耦合放大电路

两级之间通过电容 $C2$ 和下一级的输入电阻联结，故称为阻容耦合。由于电容有隔直作用，所以阻容耦合放大器中各级的静态工作点互不影响，可分别单独设置。由于电容具有传递交流的作用，只要耦合电容的容量足够大（一般为几微法到几十微法），对交流信号所呈现的容抗就可忽略不计。这样，前一级的输出信号就无损失地传送到后一级继续放大。

多级放大器的第一级叫输入级，最后一级叫输出级。多级放大器的输入电阻，就是第一级放大电路的输入电阻；多级放大器的输出电阻，就是最后一级放大电路的输出电阻。多级放大器总的电压放大倍数等于各级电压放大倍数的乘积。因为每一级共射接法的放电电路对所放大的交流信号都有一次倒相作用，因此，在图 4-17 所示的两级阻容耦合放大电路中，其输出电压与输入电压同相。

### 【技能训练 4-2】 扬声器识别检测

#### 1. 扬声器识别

一般在扬声器磁体的标牌上都标有阻抗值，但有时也可能遇到标记不清或标记脱落的情况。因为一般电动扬声器的实测电阻值约为其标称阻抗的 80%～90%，一只 8Ω 的扬声器，实测铜阻值约为 11.5～7.2Ω，所以可用下述方法进行估测，如图 4-18 所示。

图 4-18　低音扬声器

#### 2. 扬声器检测

（1）阻抗测试法：将万用表置于 R×1 挡，调零后，测出扬声器音圈的直流铜阻 $R$，然后用估算公式 $Z=1.17R$ 即可估算出扬声器的阻抗。

例如，测得一只无标记扬声器的直流铜阻为 11.8Ω，则阻抗 $Z=1.17×11.8=8Ω$。

（2）试触法：将万用表置 R×1 挡，把任意一只表笔与扬声器的任一引出端相接，用另一只表笔断续触碰扬声器另一引出端，此时，扬声器应发出"喀喀"声，指针亦相应摆动。如触碰时扬声器不发声，指针也不摆动，说明扬声器内部音圈断路或引线断裂。

## 4.4　【知识拓展】 认识场效应管

场效应管原称为场效应晶体管，是一种利用场效应原理工作的半导体器件。场效应管具有输入阻抗高、噪声低、动态范围大、功率小、易于集成等特点。

#### 1. 场效应管的基本结构

按其结构可分为结型场效应管和绝缘栅场效应管两大类。结型场效应管又分为 N 沟道管和 P 沟道管。绝缘栅场效应管简称 MOS 场效应管，一般分为耗尽型 MOS 管和增强型 MOS 管（又都分为 N 沟道和 P 沟道），MOS 场效应管在电路中的符号如图 4-19 所示。

场效应管一般具有 3 个极：G 为栅极，S 为源极，D 为漏极，在增强型 MOS 管的符号中，源极 S 和漏极 D 之间的连线是断开的，表示 $U_{GS}=0$ 时导电沟道没有形成。

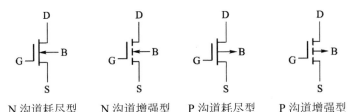

图 4-19　MOS 管的图形符号

**2. 场效应管工作原理**

当栅极接的负偏压增大时，沟道减少，漏极电流减少。当栅极接的负偏压减小时，耗尽层减小，沟道增大，漏极电流增大。由此可见漏极电流受栅极电压的控制，所以，场效应管是电压控制器件，即通过输入电压的变化来控制输出电流的变化，从而达到放大等目的。

**3. 场效应管与三极管区别**

（1）场效应管是电压控制器件，栅极基本不取电流，而三极管是电流控制器件，基极必须取一定的电流。

（2）场效应管是多子导电，而三极管的两种载流子均参与导电。由于少子的浓度对温度、辐射等外界条件很敏感，因此，对于环境变化较大的场合，采用场效应管比较合适。

（3）场效应管除了和三极管一样可作为放大器件及可控开关外，还可作压控可变线性电阻使用。

（4）场效应管的源极和漏极在结构上是对称的，可以互换使用，耗尽型 MOS 管的栅－源电压可正可负。因此，使用场效应管比三极管灵活。

**4. 场效应管作用**

（1）场效应管可应用于放大。由于场效应管放大器的输入阻抗很高，因此耦合电容可以容量较小，不必使用电解电容器。

（2）场效应管很高的输入阻抗非常适合作阻抗变换。常用于多级放大器的输入级作阻抗变换。

（3）场效应管可以用作可变电阻。

（4）场效应管可以方便地用作恒流源。

（5）场效应管可以用作电子开关。

## 【技能训练 4-3】　场效应管的判别与使用

**1. 场效应管的极性识别**

将万用表拨在 R×1kΩ 挡，将黑表笔固定接在某一电极上，红表笔分别接其他两只管脚，若两次测量阻值相等或相近，则黑表笔所接为栅极。否则将黑表笔接到另一个电极，重新测量。将两只表笔分别接到漏极和源极上，对调表笔测电阻，电阻值较小的那次测量中，黑表笔接的是源极，另一个即为漏极。

**2. 用测电阻法判别场效应管的好坏**

首先将万用表置于 R×10 或 R×100 挡，测量源极 S 与漏极 D 之间的电阻，通常在几十欧到几千欧范围，如果测得阻值是无穷大，可能是内部断路。

然后把万用表置于 R×10k 挡，若测各极之间电阻值均为无穷大，则说明管是正常的，若测得上述各阻值太小或为通路，则说明管是坏的。

3．场效应管的使用注意事项

（1）在线路的设计中不能超过管的耗散功率，最大漏源电压、最大栅源电压和最大电流等参数的极限值。

（2）要严格按要求的偏置接入电路中，要遵守场效应管偏置的极性。如结型场效应管栅源漏之间是 PN 结，N 沟道管栅极不能加正偏压，P 沟道管栅极不能加负偏压，等等。

（3）MOS 场效应管由于输入阻抗极高，所以在运输、贮藏中必须将引出脚短路，要用金属屏蔽包装，以防止外来感应电势将栅极击穿。尤其要注意，不能将 MOS 场效应管放入塑料盒内，保存时最好放在金属盒内，同时也要注意管的防潮。

（4）管脚在焊接时，先焊源极；在连入电路之前，管的全部引线端保持互相短接状态，焊接完后才把短接材料去掉。

（5）在安装场效应管时，注意安装的位置要尽量避免靠近发热元件；为了防管件振动，有必要将管壳体紧固起来。

## 关键知识点小结

1．利用 Proteus 选用三极管、发光二极管和阻容元件，设计一个触摸式 LED（以 LED 代替照明灯）延时照明电路，该电路主要由三极管放大电路和 RC 充放电电路组成。通过仿真测试，每当有人触及触摸开关时，经过 5～10s 延迟照明后便自动熄灭。

2．三极管是放大电路的核心元件，三极管的基本结构是由两个 PN 结构成的。按照 PN 结组合方式不同，三极管可分为 NPN 和 PNP 两种类型，NPN 型和 PNP 型晶体管都含有三个掺杂区（发射区、基区和集电区）、两个 PN 结。发射区和基区间的 PN 结称为发射结，集电区和基区间的 PN 结称为集电结。由发射区、基区和集电区分别引出发射极 E（emiter）、基极 B（base）和集电极 C（collector）。为了使晶体管能有电流放大作用，在制造时使其发射区杂质浓度很高，基区很薄且杂质浓度很低，集电结的面积比发射结的面积大（这从图 4-6 看不出，因为图 4-6 不是实际结构），且集电区杂质浓度低。

3．根据半导体材料不同，三极管有硅管和锗管。目前我国生产的硅管大多为 NPN 型，锗管大多为 PNP 型。由于硅三极管的温度特性较好，应用也较多。对于 PNP 型三极管，其工作原理与 NPN 型三极管相似，不同之处只在于使用时，工作电源的极性相反而已。

4．晶体管之所以能实现电流放大作用，既有内部条件——制造时使基区很薄且杂质浓度远低于发射区等，又有外部条件——发射结正向偏置、集电结反向偏置，两者缺一不可。对于 PNP 型晶体管，基极应接基极电源 $U_{BE}$ 的负极侧才能使发射结获得正向偏置，集电极应接集电极电源 $U_{CE}$ 的负极侧才能使集电结获得反向偏置。可见 PNP 型和 NPN 型晶体管的电源极性正好相反。由于晶体管中电子和空穴两种极性的载流子都参与导电，故称为双极晶体管。

5．发射结是正向偏置的 PN 结，故晶体管的输入特性和二极管的正向特性相似。不同之处在于晶体管的两个 PN 结靠得很近，$I_B$ 不仅与 $U_{BE}$ 有关，而且还要受到 $U_{CE}$ 的影响，故研究 $I_B$ 与 $U_{BE}$ 的关系时对应于一定的 $U_{CE}$。

6．根据晶体管的工作状态，输出特性可分为三个区域：①截止区：三极管处于截止状态的工作条件是发射结、集电结均处于反向偏置；②饱和区：三极管处于饱和状态的工作条件是发射结、集电结均处于正向偏置；③放大区：三极管处于放大状态的工作条件是发射结处于正向偏置、集电结均处于反向偏置。

7．单管共发射极放大电路，它由晶体管、电阻、电容以及直流电源组成。由信号源提供的信号 $u_i$ 经电容 $C_1$ 加到晶体管的基极与发射极之间，放大后的信号 $u_o$ 从晶体管的集电极（经电容 $C_2$）与发射极之间输出。电路以晶体管的发射极作为输入、输出回路的公共端，故称为共发射极放大电路。既能放大信号的电压又能放大信号的电流，而且输出信号与输入信号反相；输入电阻与输出电阻阻值适中，一般为几千欧，电压放大倍数一般在几十至几百倍，可用于电压信号的放大，常被用作多级放大器的中间级。

 问题与讨论

4-1　在三极管组成的放大器中，基本偏置条件是什么？

4-2　三极管输入输出特性曲线一般分为几个区域？

4-3　放大电路的基本组态有几种？它们分别是什么？

4-4　在电子电路中放大的实质是什么？放大的对象是什么？

4-5　既然 BJT（双极结型三极管）具有两个 PN 结，可否用两只二极管背靠背相连接构成一只 BJT，试说明其理由。

4-6　如图 4-20 所示电路，判断以下四种情况三极管工作在截止区，放大区还是饱和区？说明原因。

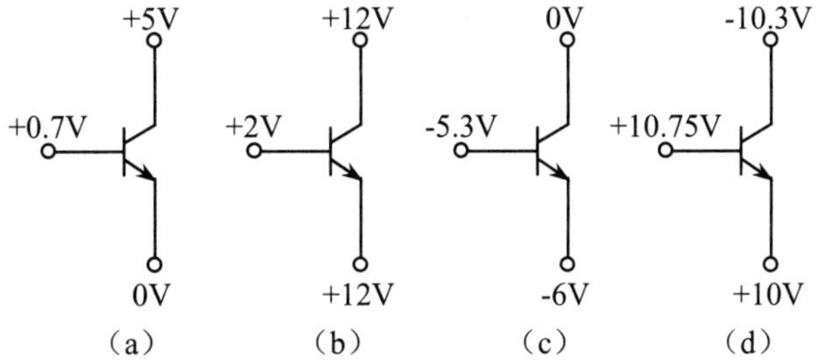

| +5V | +12V | 0V | -10.3V |
| --- | --- | --- | --- |
| +0.7V | +2V | -5.3V | +10.75V |
| 0V | +12V | -6V | +10V |
| （a） | （b） | （c） | （d） |

图 4-20　4-6 题图

4-7　可否将 BJT 的发射极、集电极交换使用？为什么？

# 5

# 火灾报警器设计与实现

## 终极目标

能完成火灾报警器和方波信号发生器电路设计, 能完成火灾报警器和方波信号发生器电路的运行与调试。

## 促成目标

1. 掌握集成运放的结构及特性;
2. 掌握集成运算电路的应用;
3. 会熟练地进行集成运放的识别与检测。

## 5.1 工作模块 10 基于集成运放的火灾报警器设计与实现

在火灾初期有阴燃阶段, 会产生大量的烟和少量的热, 在这里可选择烟雾传感器。烟雾传感器属于气敏传感器, 是气-电变换器, 它将在空气中烟雾的含量 (即浓度) 转化成电压或电流信号。火灾报警器烟雾传感器的模拟信号, 由电位器模拟产生。在正常情况下, 声光报警不启动; 在有火情时, 烟雾传感器产生的电压信号, 通过电压比较器启动声光报警。

## 5.1.1　火灾报警器 Proteus 仿真电路设计

### 1. 火灾报警器电路设计

根据工作任务要求，火灾报警器主要包括烟雾传感电路、电压比较器、声光报警电路等 3 部分，如图 5-1 所示，其中用电位器模拟烟雾传感器。

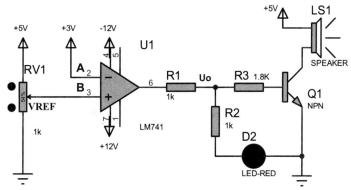

图 5-1　火灾报警器电路图

运行 Proteus 仿真软件，新建"火灾报警器电路"设计文件。按照图 5-1 所示，添加、放置并编辑电位器 POT-HG、集成运放 LM741、三极管 NPN、扬声器 SPEAKER、发光二极管 LED-RED、电阻 RES 等元器件。设计完成火灾报警器 Proteus 仿真电路后，进行电气规则检测。

### 2. 火灾报警器电路仿真运行调试

（1）为了形象地观察火灾报警器电路工作过程，添加一个直流电压表"DC VOLTMETER"，并按图 5-2 连接。然后运行火灾报警器仿真电路，在烟雾含量达不到报警要求时，如图 5-2 所示的 B 点电压为 2.95V（烟雾含量达不到报警要求），火灾报警器的声光报警不工作。

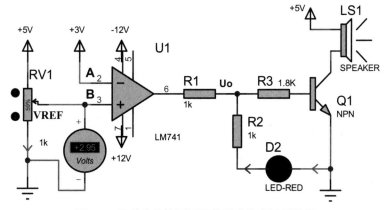

图 5-2　烟雾含量达不到报警要求仿真运行结果

（2）在烟雾含量达到报警要求时，如图 5-3 所示的 B 点电压为 3V（烟雾含量达到报警要求），火灾报警器的声光报警工作。

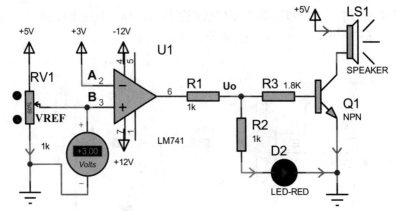

图 5-3　烟雾含量达到报警要求仿真运行结果

### 5.1.2　火灾报警器工作原理

1. 火灾报警器组成

火灾报警器主要由烟雾传感电路、电压比较器、声光报警电路等 3 部分组成。

（1）烟雾传感电路。烟雾传感器输出的电压或电流信号是随烟雾含量变化而变化的，烟雾传感电路使用电位器模拟烟雾传感器。

（2）电压比较器。第二级运算放大器没有引入负反馈，处于开环工作状态，组成了电压比较器。

（3）声光报警电路。声光报警电路是由发光二极管 LED、三极管驱动和蜂鸣器组成的。

2. 火灾报警器工作过程

在火灾初期阶段（即阴燃阶段），产生大量烟和少量热，烟雾传感器将在空气中烟雾的含量（即浓度）转化成模拟信号，在这里用电位器模拟烟雾传感器。接在集成运放 LM741 反相输入端的 A 点，电压 3V 是基准电压，也是报警电压。

（1）通过改变电位器位置，来模拟烟雾传感器输出的电压，其电压送到电压比较器的同相输入端。

（2）将模拟烟雾传感器输出的电压和反相输入端的基准电压（即报警电压）相比较，使比较器输出不同的电平，来控制声光报警电路是否工作。

（3）在无火情情况下，模拟烟雾传感器输出的电压小于基准电压，如图 5-2 所示，报警电路工作在低电平状态，就不会有任何报警。当有火情时，模拟烟雾传感器输出的电压高于基准电压，如图 5-3 所示，报警电路工作在高电平状态，就会有声光报警。即将发光二极管 LED 点亮，同时三极管驱动蜂鸣器响。

## 5.2　认识集成运算放大器

集成运算放大器是一种集成化的半导体器件，即把许多半导体三极管、二极管、电阻、电容等元件制作在一小块硅单晶片上面，组成能实现一定功能的电子器件。集成运算放大器外接若干元件后，能对输入信号进行加减、乘除、积分和微分等各种数学运算，故取名运算放大器。现在，其应用范围已远远超出了数学运算，在信号获取、信号处理、波形发生等方面得到广泛的应用。

### 5.2.1　集成运算放大器简介

**1. 集成运算放大器组成**

集成运算放大器通常称为集成运放，集成运放可以分为通用型集成运放和专用型集成运放等。如单集成运放 LM741、四集成运放 LM324 是通用型集成运放，高精度集成运放 AD797 是专用型集成运放。

虽然集成运放的型号和种类很多，内部电路也各有差异，但它们的基本组成部分相同，其内部通常包含四个基本组成部分，即输入级、中间级、输出级和偏置电路，如图 5-4 所示。

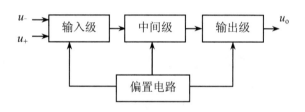

图 5-4　集成运放组成框图

集成运放各部分功能如下：

（1）输入级使用了高性能的差分放大电路，利用差分放大电路的对称特性，可提高整个电路的共模抑制比和电路性能。

（2）中间级是由电压放大电路组成，其主要作用是提高电压增益，一般由多级放大电路组成。

（3）输出级常采用电压跟随器或互补电压跟随器组成，以降低输出电阻，提高带负载能力。

（4）偏置电路由恒流源电路组成，向各放大级提供合适的偏置电流。

**2. 集成运放的符号和封装**

若将集成运放看成一个黑盒子，则可等效为一个双端输入单端输出的高性能差分放大电路，电路符号如图 5-5 所示。

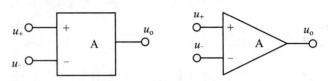

图 5-5　集成运放电路符号

在电路符号中，$u_+$ 称为同相输入端，信号从该端输入时，输出与输入同相；$u_-$ 称为反相输入端，信号从该端输入时，输出与输入反相。

集成运放的封装主要有金属圆壳式、双列直插式和扁平式等。

3. 集成运算放大器的主要参数

要正确地选用集成运算放大器，必须了解其参数，主要参数如下：

（1）开环差模电压放大倍数 $A$

$A$ 是指输出端与输入端之间无外加反馈回路（称开环）时，输出电压与两输入端之间电压之比，该值反映了输出电压 $U_o$ 与输入电压 $U_+$ 和 $U_-$ 之间的关系。

（2）输入失调电压 $U_{IO}$

$U_{IO}$ 是指为使输出电压为零，在输入级所加的补偿电压值，它反映差动放大部分参数的不对称程度，显然越小越好，一般为毫伏数量级。

（3）输入失调电流 $I_{IO}$

$I_{IO}$ 是指集成运放两输入端的静态电流之差，一般为 10nA～1μA。

（4）输入偏置电流 $I_{IB}$

$I_{IB}$ 是指集成运放两输入端的静态电流的平均值，其值一般为 1nA～0.1μA。

（5）最大差模输入电压 $U_{idmax}$

指运放两个输入端能承受的最大共模信号电压。超出这个电压时，运放的输入级将不能正常工作或共模抑制比下降，甚至造成器件损坏。

（6）最大共模输入电压 $U_{icmax}$

$U_{icmax}$ 是指集成运放所能承受的共模输入电压最大值。例如，CF741 为 ±13V。

（7）共模抑制比 $K_{CMR}$

集成运放的共模抑制比 $K_{CMR}$ 一般为 70～130dB。

（8）最大输出电压 $U_{omax}$

$U_{omax}$ 是指集成运放在额定电源电压和额定负载下，不出现明显非线性失真的最大输出电压峰值。如电源电压为 ±15V 时，$U_{omax}$ 约为 ±13V。

（9）最大输出电流 $I_{omax}$

$I_{omax}$ 是指集成运放在额定电源电压下达到最大输出电压时所能输出的最大电流。一般为几毫安至几十毫安。

（10）输入电阻 $R_i$ 和输出电阻 $R_o$

输入电阻 $R_i$ 一般为几十千欧至几兆欧。输出电阻 $R_o$ 一般为几十欧至几百欧。

### 5.2.2　理想集成运算放大器

**1. 理想集成运放的条件**

在分析集成运放的电路时，一般将它看成是理想的集成运放。满足下列参数指标的集成运放可以视为理想集成运放。

（1）差模电压放大倍数 $A=\infty$，实际上 $A \geqslant 80\mathrm{dB}$ 即可。

（2）差模输入电阻 $R_{id}=\infty$，实际上 $R_{id}$ 比输入端外电路的电阻大 2-3 个量级即可。

（3）输出电阻 $R_o=0$，实际上 $R_o$ 比输入端外电路的电阻小 1-2 个量级即可。

（4）带宽足够宽。

（5）共模抑制比足够大。

实际上在做一般原理性分析时，产品运算放大器都可以视为理想的。只要实际地运用条件不使运算放大器的某个技术指标明显下降即可。

**2. 理想集成运算放大器的传输特性**

理想集成运放输出电压与差分输入电压之间的关系，可用图 5-6 所示的电压传输特性来描述。

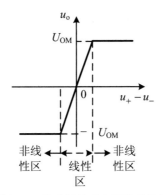

图 5-6　集成运放的电压传输特性

（1）理想集成运放工作在线性区

在线性区中，当差模输入信号较小时，输出电压与输入电压呈现线性关系。

$$u_o = A(u_+ - u_-)$$

由于运放的开环差模电压增益很高，所以线性范围很小，一般不超过 0.1mV。

改变输入电路和反馈电路的结构形式，就可以实现不同的运算，具有"虚短"和"虚断"两个重要的特点：

1）理想集成运放的差模输入电压等于零

集成运放工作在线性区时：

$$u_o = A(u_+ - u_-)$$

由于理想集成运放：

$$A=\infty$$

则：

$$u_+ - u_- = u_o / A = 0 \ \text{即} \ u_+ = u_-$$

集成运放的两输入端电位近似相等，如同将两点短路一样，但实际上并未真正被短路，故将这种现象称为"虚短"。实际上，集成运放的 $A$ 越大，将输入端视为"虚短"所带来的误差就越小。

2）理想集成运放的输入电流等于零

由于理想运放的开环输入电阻 $R_{id}=\infty$，因此两个输入端都没有电流流入集成运放，即：

$$i_+ = i_- = 0$$

此时，同相输入端电流和反相输入端电流都等于零，如同两点断开一样。而这种断开也不是真正的断路，只是等效断路，所以把这种现象称为"虚断"。

**注意：**"虚短"和"虚断"两个特性是分析理想运放应用电路的基本原则，可简化运放电路的计算。

（2）理想集成运放工作在非线性区

在非线性区中，若差模输入信号过大，超出其线性范围时，会导致运放内部的某些晶体管饱和或截止，此时集成运放的输出电压不再随输入电压线性增长，只会有两种情况，要么为正向饱和值，要么为负向饱和值。理想集成运放工作在非线性区时，也有两个重要特点。

1）当理想集成运放的 $u_+ \neq u_-$ 时，输出电压的值有两种可能：或等于正向饱和值；或等于负向饱和值。

当 $u_+ > u_-$ 时，集成运放工作在正向饱和区，输出电压为正饱和值 $U_{OM}$；

当 $u_+ < u_-$ 时，集成运放工作在负向饱和压，输出电压为负饱和值-$U_{OM}$。

理想集成运放工作在非线性区时，差模输入电压可以较大，即 $u_+ - u_-$，不存在"虚短"现象。

2）理想集成运放的输入电流等于零

由于理想集成运放的输入电阻 $R_{id}=\infty$，尽管输入电压 $u_+ \neq u_-$，仍可认为此时输入电流为零，即"虚断"。

**注意：**在分析集成运放的各种应用电路时，首先要判断其中的集成运放工作在哪个区域。工作在线性区时，必须要在电路中引入负反馈；工作在非线性区时，集成运放应工作在开环状态中。

### 5.2.3 火灾报警器的电压比较器

**1. 认识 LM741**

通用型集成运放 LM741 是高增益运算放大器，是一个单集成运放，如图 5-7 所示。主要应用在军事、工业和商业等领域。

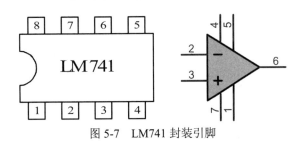

图 5-7　LM741 封装引脚

LM741 芯片引脚功能如下：

（1）1 和 5 脚为偏置（调零端）；

（2）2 脚为反相输入端；

（3）3 脚为同相输入端；

（4）4 脚接地；

（5）6 脚为输出；

（6）7 脚接电源；

（7）8 脚为空脚。

2．集成运放 LM741 好坏测试

（1）给集成运算放大器 LM741 同时接正负直流电源（注意用万用表分别测量两路电源为 ±12V，经检查无误方可接通 ±12V 电源）。

（2）分别将同相输入端或反相输入端接地，若输出电压 $U_o$ 为 $U_{OM}$ 值（电源电压为 ±12V 时），则该器件基本良好，否则说明器件已损坏。

3．电压比较器

电压比较器是用来比较两个电压的大小，可作为越限报警、模数转换和波形变换等中的基本单元电路。

（1）基本电压比较器

基本电压比较器有两个输入电压，一个是基准电压或参考电压，用 $U_R$ 表示，另一个是被比较的输入信号电压 $u_i$。如图 5-8（a）所示，这是一个基本的电压比较器，集成运放处于开环状态。

由于电压放大倍数非常大，在输入端之间只要有微小电压（即在二者幅度相等的附近），集成运放就会进入非线性工作区域，输出电压达到最大值 $U_{OM}$。

如图 5-8（b）所示，$u_i = U_R$ 为状态转换点，即：

当 $u_i > U_R$ 时，$u_o = U_{OM}$，即工作在正向饱和区，输出电压 $u_o$ 为正饱和值 $U_{OM}$；

当 $u_i < U_R$ 时，$u_o = -U_{OM}$，即工作在负向饱和压，输出电压 $u_o$ 为负饱和值 $-U_{OM}$。

（2）过零电压比较器

当基准电压 $U_R = 0$ 时，称为过零电压比较器，输入电压 $u_i$ 与零电位比较。过零电压比较器电路和电压传输特性如图 5-9 所示。

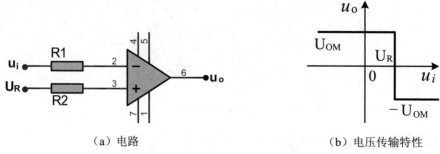

（a）电路　　　　　　　　　　（b）电压传输特性

图 5-8　电压比较器及电压传输特性

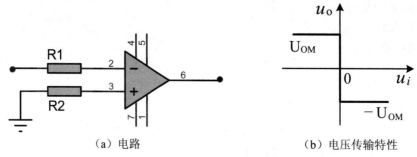

（a）电路　　　　　　　　　　（b）电压传输特性

图 5-9　过零电压比较器及电压传输特性

**4. 火灾报警器的电压比较器电路分析**

为了更好地分析火灾报警器的电压比较器电路，在电路中添加两个直流电压表"DC VOLTMETER"，并按图 5-10 连接。

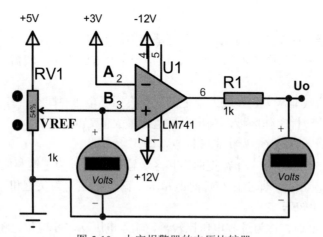

图 5-10　火灾报警器的电压比较器

在这里用电位器模拟烟雾传感器，从电位器获得的电压，作为 LM741 同相输入端的输入信号。接在 LM741 反相输入端 A 点的 3V 电压是基准电压（也是报警电压）。

运行电压比较器仿真电路，调整电位器位置，当输入信号电压（B 点电压）小于 3V 时（即烟雾含量达不到报警要求），LM741 输出电压 $U_o$ 是-11V，如图 5-11 所示。

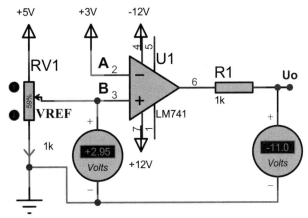

图 5-11　在火灾报警前的输出电压

继续调整电位器位置，当输入信号电压（B 点电压）大于 3V 时，也就是烟雾含量超过了报警要求，LM741 输出电压 $U_o$ 是+11V，如图 5-12 所示。

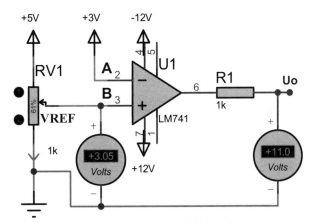

图 5-12　在火灾报警后的输出电压

从上面我们可以看出，电压比较器的 3V 输入电压为状态转换点，在这个点的附近，输出电压会产生跃变。火灾报警器的电压比较器就是利用了电压比较器电压传输特性的状态转换点，来设计实现的。

这里的状态转换点电压，是根据烟雾含量达到报警要求时，所对应的烟雾传感器输出电压来选择的。

## 【技能训练 5-1】 12V 的电池监视器

采用前面学习过的电压比较器，设计一个 12V 电池监视器。当电池电压低于 12V 时，电池监视器的指示灯会点亮提示。

1. 12V 电池监视器电路设计

运行 Proteus 仿真软件，新建"12V 电池监视器"设计文件。按照图 5-13 所示，添加、放置并编辑电位器 POT-HG、集成运放 LM741、稳压二极管 DIODE-ZEN、发光二极管 LED-RED、电阻 RES 等元器件。设计完成电池监视器 Proteus 仿真电路后，进行电气规则检测。

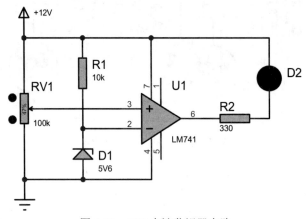

图 5-13　12V 电池监视器电路

其中，稳压二极管 DIODE-ZEN 的稳压值设置，是把"编辑元件"窗口中的稳压值修改为 5.6V，如图 5-14 所示。

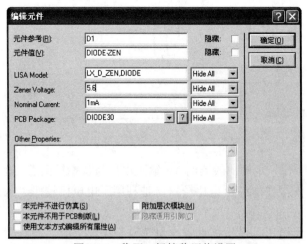

图 5-14　稳压二极管稳压值设置

2．12V 电池监视器电路分析

在电路中，LM741 反相输入端电压，是通过稳压二极管获得的，这是一个基准电压 5.6V。
LM741 同相输入端电压，是 12V 电池电压通过电位器分压得到的。为了对 12V 电池电压监视，
我们把 LM741 同相输入端电压，调到大于电压比较器的状态转换点电压，即大于基准电压 5.6V。

（1）当 12V 电池处于正常工作状态时，由于 LM741 同相输入端电压大于反相输入端电
压，LM741 输出高电平，发光二极管不亮，表示 12V 电池工作正常，如图 5-15 所示。

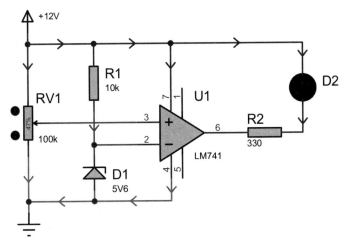

图 5-15　12V 电池处于正常工作状态

（2）当 12V 电池处于欠压工作状态时，由于 LM741 同相输入端电压小于反相输入端电
压，LM741 输出低电平，发光二极管亮，表示 12V 电池电压不够，处于欠压状态，如图 5-16
所示。

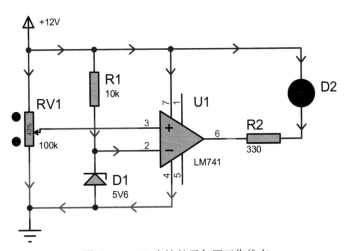

图 5-16　12V 电池处于欠压工作状态

## 【技能拓展 5-1】 电池电量指示器设计

现在越来越多的电子设备都在使用电池作为电源，而在使用电子设备时，电池一直处于放电状态。有时我们并不知道电池"电量不足"需要充电，直到设备都自动关机了才充电。这样，就会造成电池过度放电，影响电池寿命。

### 1. 12V 电池电量指示器电路设计

设计一个简单的电池电量指示器，就能随时知道电池使用情况，就可以在"电量不足"时进行充电。

运行 Proteus 仿真软件，新建"12V 电池电量指示器"设计文件。按照图 5-17 所示，添加、放置并编辑电位器 POT-HG、集成运放 LM324、稳压二极管 DIODE-ZEN、发光二极管 LED-GREEN、电阻 RES 以及电容 CAP 等元器件。设计完成 12V 电池电量指示器 Proteus 仿真电路后，进行电气规则检测。

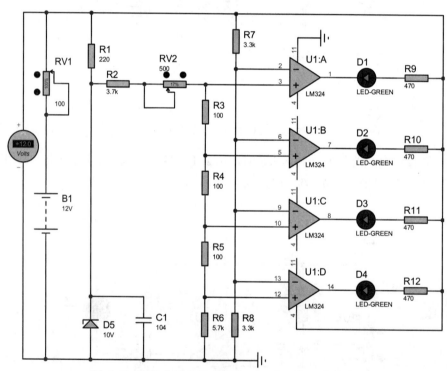

图 5-17　电池电压大于或等于 12V 时 LED 工作状态

### 2. 12V 电池电量指示器电路分析

在电路中，4 个电压比较器是由 LM324 的 4 个运放组成的，用来检测输入电压的变化。检测范围为 11.4～12V。在这里，通过调节 RV1 电位器来模拟电池电压的变化。

（1）10V 稳压管为基准电压，由 5 个电阻分压，分出需要的各级基准电压。

10V 电压正好对应 10K 电阻。所以，各分级的基准电压就一目了然，从下往上分别为：5.7V、5.8V、5.9V、6.0V。在调试时，通过 RV2 电位器要把这些基准电压略微调整低点。

电池电压（即输入电压）由 2 个 3.3K 电阻分压，正好是电池电压的一半。

（2）电池"电量正常"显示

当电池电压大于或等于 12V 时，LM324 的反相输入端的电压正好是电池电压的一半，LED 全部点亮，表示电池电量正常，如图 5-17 所示。

（3）电池"电量不足"显示

随着电池使用，电池电压下降，分压值低于某级基准电压时，该级电压比较器就会翻转，该级 LED 就会熄灭。调节 RV1 电位器模拟电池电压下降，当只有一个 LED 亮时，表示电池电量不足，需要充电，如图 5-18 所示。

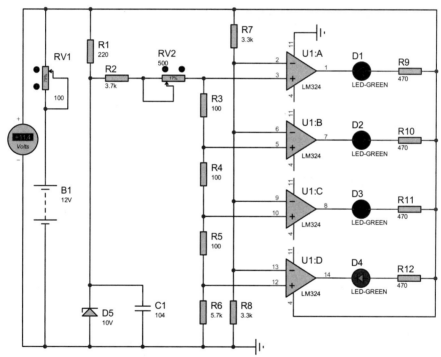

图 5-18　电池电压大于或等于 11.4V 时 LED 工作状态

3. 认识 LM324

LM324 是四运放集成电路，它采用 14 脚双列直插塑料封装。它的内部包含四组形式完全相同的运算放大器，除电源共用外，四组运放相互独立，如图 5-19 所示。

LM324 内含 4 个独立的高增益、频率补偿的运算放大器，既可接单电源使用（3～30V），也可接双电源使用（±1.5～±15V），驱动功耗低，可与 TTL 逻辑电路相容。为此，可以在传感器放大电路中，更容易实现单电源系统的电路设计。

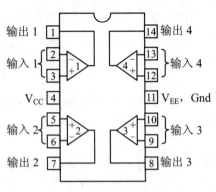

图 5-19　LM324 内部结构

## 5.3　工作模块 11　机器人巡线信号处理电路设计与实现

完成机器人巡线信号处理电路设计，能使用巡线传感器进行信号采集，通过信号放大、信号比较，可以可靠地探测到地面白条以及白条的十字交叉点。

### 5.3.1　机器人巡线信号处理 Proteus 仿真电路设计

根据工作任务要求，采用 4 路巡线传感器来探测地面白条以及白条的十字交叉点。为此，在机器人巡线信号处理电路中，使用 LM324 来实现信号放大和信号比较电路模块。

1.　机器人巡线信号处理电路设计

在机器人巡线信号处理电路中，采用 4 路巡线传感器来探测地面白条以及白条的十字交叉点。由于这 4 路巡线信号处理电路都是一样的，我们只要设计 1 路巡线信号处理电路就可以了。

运行 Proteus 仿真软件，新建"机器人巡线信号处理电路"设计文件。按照图 5-20 所示，添加、放置并编辑电位器 POT-HG、集成运放 LM324、电容 CAP、二选一开关 SW-SPDT、发光二极管 LED-RED、电阻 RES 等元器件。设计完成机器人巡线信号处理 Proteus 仿真电路后，进行电气规则检测。

在机器人巡线信号处理电路中，巡线传感器是采用的光敏电阻传感器。若巡线传感器在地面白条上，数值大约在 0.9V 左右；若巡线传感器不在地面白条上，数值大约在 0.3V 左右。在机器人巡线信号处理仿真电路里面，使用二选一开关来模拟光敏电阻传感器。

2.　机器人巡线信号处理电路仿真运行调试

（1）把二选一开关设置在 0.3V 位置上，表示巡线传感器不在地面白条上。运行机器人巡线信号处理仿真电路，巡线状态指示灯 LED 不亮，如图 5-21 所示。

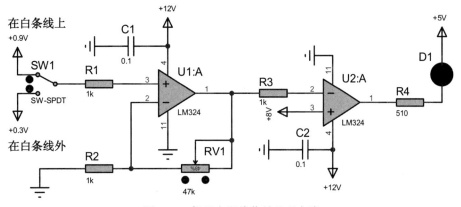

图 5-20　机器人巡线信号处理电路

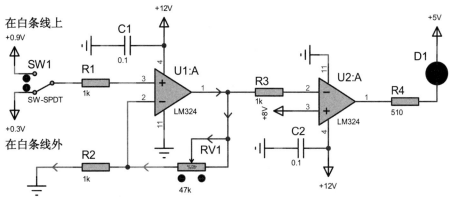

图 5-21　巡线传感器不在地面白条上

（2）把二选一开关设置在 0.9V 位置上，表示巡线传感器在地面白条上。运行机器人巡线信号处理仿真电路，巡线状态指示灯 LED 亮，如图 5-22 所示。

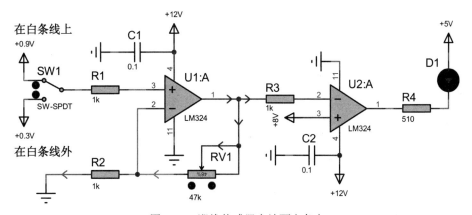

图 5-22　巡线传感器在地面白条上

### 5.3.2 机器人巡线信号处理电路工作原理

1. 机器人巡线信号处理电路组成

机器人巡线信号处理电路主要包括信号采集、信号放大、信号比较和巡线状态指示灯等 4 个部分，如图 5-23 所示。

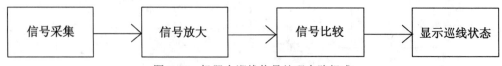

图 5-23 机器人巡线信号处理电路组成

（1）信号采集电路。在信号采集电路中，光源发射部分采用了高亮 LED 发射管，巡线传感器采用的是光敏电阻传感器，用光敏电阻接受地面反射回来的光线。这样，就可以可靠地探测到地面白条以及白条的十字交叉点。在这里，我们是通过二选一开关来模拟巡线传感器的。

（2）信号放大电路。即传感器信号放大电路，是由集成运放 LM324 组成的同相放大电路，调节电位器可以改变整个放大电路的放大倍数。

（3）信号比较电路。用集成运放 LM324 组成一个电压比较器，反相输入端为信号放大电路的输出，比较器的同相端接基准电压，12V 电源电压通过稳压管产生大约 8V 左右的基准电压。

（4）巡线状态显示电路。由发光二极管 LED、电阻和+5V 电源组成。发光二极管阳极接电源，阴极通过电阻接信号比较电路的输出。

2. 机器人巡线信号处理电路工作过程

（1）通过 4 路巡线传感器采集地面白条信息，若巡线传感器在地面白条上，数值大约在 0.9V 左右；若巡线传感器不在地面白条上，数值大约在 0.3V 左右。

（2）巡线传感器输出的信号数值很小，此信号输入到由运放 LM324 组成的传感器信号同相放大电路。若巡线传感器在地面白条上，电压输出大约为 10V 左右，若巡线传感器不在地面白条上，电压输出大约为 4V 左右。

（3）传感器信号放大电路输出的电压，跟比较器同相端的基准电压进行比较。若巡线传感器在地面白条上，电压输出为高电平，点亮发光二极管；若巡线传感器不在地面白条上，电压输出为低电平，发光二极管熄灭。

### 5.3.3 负反馈在机器人信号放大电路中应用

1. 认识放大电路中的负反馈

（1）反馈的定义

将放大电路输出信号的一部分或全部通过某种电路引回到输入端，这个反向传送过程称之为反馈，如图 5-24 所示。

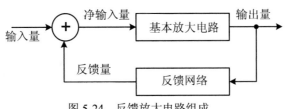

图 5-24　反馈放大电路组成

　　图中的净输入量是基本放大电路的输入信号，其大小是由输入信号（输入量）与反馈 1 （反馈量）共同决定的。

　　（2）正、负反馈判断方法

　　反馈分有正反馈和负反馈两种形式：能使净输入信号增强的反馈称为正反馈；使净输入信号削弱的反馈称为负反馈。放大电路中普遍采用的形式是负反馈。

　　正、负反馈通常采用瞬时极性法来判断。先假定某一瞬间输入信号对地的极性，然后按信号的放大过程，逐级推出输出信号的瞬时极性，最后根据反馈回输入端的信号对原输入信号的作用，判断出反馈的极性。

　　（3）负反馈的基本类型及其判别

　　根据反馈网络与基本放大电路在输出、输入端连接方式的不同，负反馈放大电路的反馈形式可分为如下四种类型：

　　1）电压串联负反馈；

　　2）电压并联负反馈；

　　3）电流串联负反馈；

　　4）电流并联负反馈。

　　判断反馈类型的方法如下：

　　凡反馈信号取自输出电压信号的称电压反馈；凡反馈信号取自输出电流信号的称电流反馈；凡反馈信号在输入端与输入信号相串联的称为串联反馈；凡反馈信号在输入端与输入信号相并联的称为并联反馈。

　　四种不同类型的负反馈放大电路，如图 5-25 所示。

　　**2. 机器人传感器信号放大电路分析与调试**

　　如图 5-26 所示，传感器信号放大电路是由集成运放 LM324 组成的同相放大电路，反馈类型是电压并联负反馈，电位器 RV1 是反馈电阻。为了形象地观察传感器信号放大电路工作过程，添加一个直流电压表"DC VOLTMETER"，并按图 5-26 连接，然后运行传感器信号放大仿真电路。

　　巡线传感器用的是光敏电阻传感器，通过地面反射回来的光线，进而探测到地面白条以及白条的十字交叉点。巡线传感器在地面白条上，大约在 0.9V 左右，不在地面白条上，大约在 0.3V 左右。巡线传感器用二选一开关来模拟。

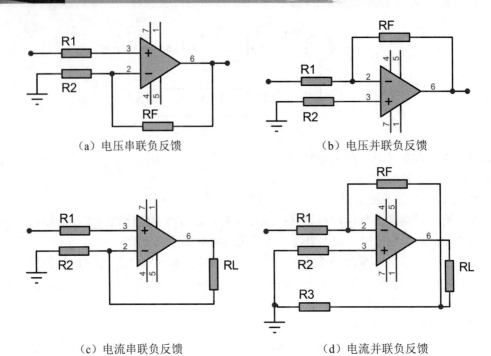

（a）电压串联负反馈　　　　　　　　　（b）电压并联负反馈

（c）电流串联负反馈　　　　　　　　　（d）电流并联负反馈

图 5-25　四种不同类型的负反馈放大电路

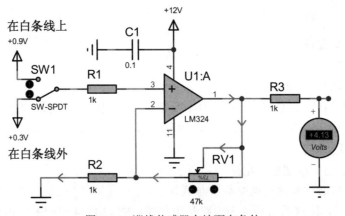

图 5-26　巡线传感器在地面白条外

（1）二选一开关设置在 0.3V，即巡线传感器不在地面白条上。此时，传感器信号放大电路输出电压大约为 4V 左右。若输出电压没有 4V 左右，调节电位器（反馈电阻），使得电压保证在 4V 左右，如图 5-26 所示。

（2）二选一开关设置在 0.9V，即巡线传感器在地面白条上。此时，传感器信号放大电路输出电压大约为 10V 左右。若输出电压没有 10V 左右，调节电位器，使得电压保证在 10V 左右，如图 5-27 所示。

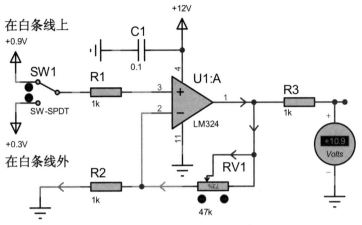

图 5-27　巡线传感器在地面白条上

3.　机器人巡线信号处理电路板的调试

在机器人巡线信号处理电路中，采用了 4 路巡线传感器来探测地面白条以及白条的十字交叉点。机器人巡线信号处理电路板的调试主要是通过调节电位器，从而改变信号放大电路的放大倍数，保证放大电路的输出在合适的数值。电路板调试步骤如下：

（1）将机器人巡线信号处理电路板的 4 路传感器全部对准白条，通上 12V 电源，先测量此时 12V 电压数值，确保电源电压在 11.8V 以上，否则，应给电池充电。

（2）用万用表测量测试点的电压，调节电位器，使得电压保证在 10V 左右，此时，电路板上 4 个指示发光二极管全亮。

（3）移动机器人巡线信号处理电路板，使电路板的 4 路传感器全部对准地面背景，此时，4 个发光二极管全部熄灭，测量测试点的电压，电压大约为 4V 左右。

【技能训练 5–2】　采用瞬时极性法判断电路中的正反馈

采用瞬时极性法判断如图 5-28 所示的正反馈。

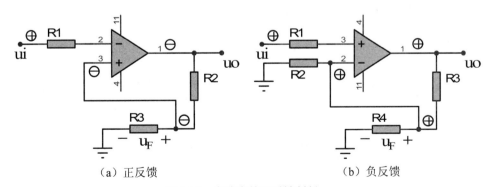

（a）正反馈　　　　　　　　　　　（b）负反馈

图 5-28　电路中的正反馈判断

因为差模输入电压等于输入电压与反馈电压之差，图 5-28（a）所示的电路中的反馈信号增强了输入信号，所以为正反馈。而图 5-28（b）所示的电路中的反馈信号削弱了输入信号，因此为负反馈。

**【技能训练 5-3】 单限幅电压比较器在机器人巡线信号处理电路中应用**

在这里，我们使用单限幅电压比较器来完成机器人巡线信号处理电路中的信号比较电路模块功能，并为后面电路提供 TTL 电平信号。

1. 认识单向限幅电压比较器

为了限制输出电压 $u_o$ 的大小，以便和输出端连接的负载电平相匹配，可以在输出端使用稳压二极管进行限幅，如图 5-29 所示。

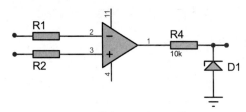

图 5-29　单向限幅电压比较器

假如稳压二极管的稳压为 $U_Z$，在同相输入端电压大于反相输入端电压时，稳压二极管反向击穿，输出电压等于 $U_Z$。

这样，我们使用单向限幅电压比较器，就可以与数字电路（如 TTL）器件直接连接起来，广泛应用在模数转换接口、电平检测及波形变换等领域。

2. 机器人巡线信号处理电路中的单向限幅电压比较器

机器人巡线信号处理电路对巡线传感器采集到的信息先进行放大处理，放大后的信号跟标准电压进行比较，保留白条反射的有效信号，过滤掉地面背景反射信号，有效信号再通过单向限幅电压比较器，就可以送入单片机控制板了。同时，还可以用发光二极管的亮和灭指示当前某路传感器是否在地面白条上，如图 5-30 所示。

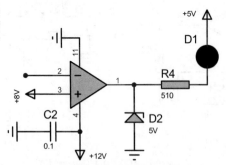

图 5-30　单向限幅电压比较器在机器人中应用

**【技能拓展 5-2】** 基于双向限幅电压比较器的波形变换电路设计

前面学习了单向限幅电压比较器以及应用，那么我们该如何使用双向限幅电压比较器，把正弦波转换成方波呢？

利用单向限幅电压比较器的单向限幅功能，在比较器的输出端与地之间再接一个稳压二极管，使两个稳压二极管负端对负端接上，即构成双向稳压管。在工作时，总有一个二极管导通，一个二极管截止，从而起到双向稳压作用。这样就在双向限幅电压比较器中起到了双向限幅作用。

基于双向限幅电压比较器的波形变换电路，如图 5-31 所示。在输入正弦波时，输入电压 $u_i$ 与零电平比较，输出电压 $u_o$ 被限制在 $+U_z$ 或 $-U_z$，输出的波形是方波，仿真波形如图 5-32 所示。

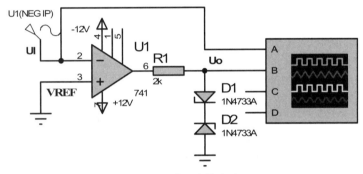

图 5-31　波形变换电路

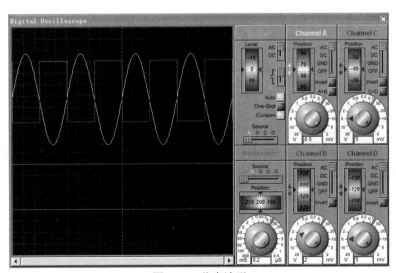

图 5-32　仿真波形

## 5.4 模拟运算电路

由集成运放和外接电阻、电容构成的比例、加减、积分与微分等模拟运算电路称为基本运算电路。这时集成运放必须工作在传输特性曲线的线性区。分析基本运算电路的输出与输入的运算关系或电压放大倍数时，需要将集成运放看成理想集成运放，可根据"虚短"和"虚断"的特点来进行分析，较为简便。

### 5.4.1 反相比例运算电路

反向比例运算电路输出电压与输入电压之间具有线性比例关系，即 $u_o = ku_i$，当比例系数 $k>1$ 时，即为放大电路。

1. 用 Proteus 实现反相比例运算电路设计与仿真

运行 Proteus 软件，新建"反相比例运算电路"设计文件。按照图 5-33 所示，放置并编辑集成运放 LM741、电阻 RES 等元器件。设计完成反相比例运算电路后，进行电气规则检测。

反相比例运算电路结构及仿真结果，如图 5-33 所示。

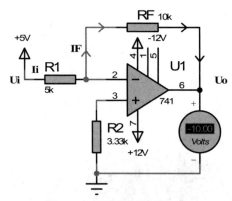

图 5-33　反相比例运算电路

2. 反相比例运算电路工作分析

输入信号 $u_i$ 经过外接电阻 $R_1$ 送入反相输入端，反馈电阻 $R_F$ 接在输出端和反相输入端之间，同相输入端通过电阻 $R_2$ 接地，为了减小输入级偏置电流引起的运算误差，在同相输入端应接入平衡电阻 $R_2=R_1//R_F$。

根据运放输入端"虚断"的特点，可得 $i_+ = i_- = 0$，得出：

$$i_1 = i_f$$

又因为

$$i_1 = \frac{u_i - u_-}{R_1}, \quad i_f = \frac{u_- - u_o}{R_F}$$

根据运放两输入端"虚短"：$u_- = u_+ = 0$，可得：

$$\frac{u_i}{R_1} = -\frac{u_o}{R_F}$$

即

$$A_{uf} = \frac{u_o}{u_i} = -\frac{R_F}{R_1} \quad 或 \quad u_o = -\frac{R_F}{R_1}u_i$$

### 3. 电路特点

输出电压与输入电压成比例关系，且相位相反，由于反相端和同相端的对地电压都接近于零，所以集成运放输入端的共模输入电压极小。

在图 5-33 基础上，令 $R_1 = R_F = R$ 时：

$$u_o = -\frac{R_F}{R_1}u_i = -u_i \quad 即 \quad A_{uf} = -1。$$

输入电压与输出电压大小相等，相位相反，称为反相器，如图 5-34 所示。

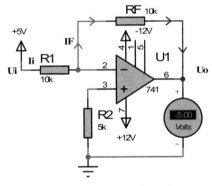

图 5-34　反相器仿真电路

## 5.4.2　同相比例运算电路

### 1. 用 Proteus 实现同相比例运算电路设计与仿真

运行 Proteus 软件，新建"同相比例运算电路"设计文件。按照图 5-35 所示，放置并编辑集成运放 741、电阻 RES 等元器件。设计完成同相比例运算电路后，进行电气规则检测。

同相比例运算电路结构及仿真结果，如图 5-35 所示。

### 2. 同相比例运算电路工作分析

输入信号 $u_i$ 经过外接电阻 $R_2$ 接到同相输入端，反馈电阻 $R_F$ 接在输出端和反相输入端之间，反相输入端通过电阻 $R_1$ 接地。根据 $u_- = u_+$，$i_+ = i_- = 0$，可得：

$$u_i \approx u_+，\quad u_i \approx u_- = u_o \frac{R_1}{R_1 + R_F}$$

即

$$A_{uf} = \frac{u_o}{u_i} = 1 + \frac{R_F}{R_1} \quad 或 \quad u_o = (1 + \frac{R_F}{R_1})u_i$$

**3. 电路特点**

该电路与反向比例运算电路一样，$u_o$ 与 $u_i$ 也是符合比例关系的，所不同的是，输出电压与输入电压的相位关系相同。

若使图 5-35 中的 $R_F = 0$ 或 $R_1 = \infty$，此时 $u_o$ 与 $u_i$ 大小相等，相位相同，其电压放大倍数为 1，起到电压跟随作用，称为电压跟随器，如图 5-36 所示。

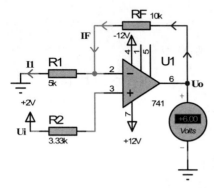

图 5-35　同相比例运算电路

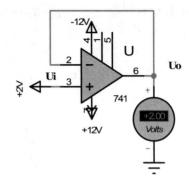

图 5-36　电压跟随器

### 5.4.3　加法运算电路

**1. 用 Proteus 实现加法运算电路设计与仿真**

如果在反相输入端增加若干输入电路，则构成反相加法电路，又称为反相输入求和电路，如图 5-37 所示。此时两个输入信号电压产生的电流都流向 $R_F$，所以输出是两输入信号的比例和。

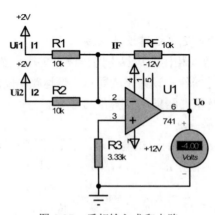

图 5-37　反相输入求和电路

**2. 加法运算电路工作分析**

根据运放两输入端"虚短"，可得 $u_- = u_+$，可得：

$$i_1 = \frac{u_{i1}}{R_1}, \quad i_2 = \frac{u_{i2}}{R_2}$$

又

$$i_F = i_1 + i_F$$

得

$$u_o = -i_F \cdot R_F = (i_1 + i_2) \cdot R_F = -\left(\frac{R_F}{R_1}u_{i1} + \frac{R_F}{R_2}u_{i2}\right)$$

### 5.4.4　减法运算电路

**1. 用 Proteus 实现减法运算电路设计与仿真**

如果在两个输入端都有信号加入，则为差动输入。差动输入在测量和控制系统中应用很多。减法运算电路如图 5-38 所示。图中减数加到反相输入端，被减数经 $R_2$、$R_3$ 分压后加到同相输入端。

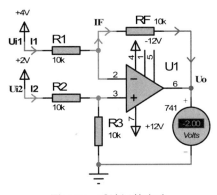

图 5-38　减法运算电路

**2. 减法运算电路工作分析**

通过叠加原理，可以得到输出电压与输入电压的关系。

（1）$u_{i1}$ 单独作用时，为反相输入比例运算，输出电压与输入电压的关系如下：

$$u_{o1} = -\frac{R_F}{R_1}u_{i1}$$

（2）$u_{i2}$ 单独作用时，为同相输入比例运算，输出电压与输入电压的关系如下：

$$u_{o2} = \left(1 + \frac{R_F}{R_1}\right)\frac{R_3}{R_2 + R_3}u_{i2}$$

（3）$u_{i1}$ 和 $u_{i2}$ 共同作用时，输出电压与输入电压的关系如下：

$$u_{o} = u_{o1} + u_{o2} = -(\frac{R_F}{R_1}u_{i1} - \frac{R_1 + R_F}{R_1} \cdot \frac{R_3}{R_2 + R_3}u_{i2})$$

当 $R_3$ 为无穷大时：

$$u_{o} = -\frac{R_F}{R_1}u_{i1} + (1 + \frac{R_F}{R_1})u_{i2}$$

当 $R_1 = R_2 = R_3 = R_F$ 时：

$$u_{o} = -(u_{i1} - u_{i2})$$

## 【技能拓展 5-3】 集成运放的使用和保护措施

1. 集成运放的使用

（1）查阅手册了解引脚的排列及功能；

（2）检查接线有否错误或虚连，输出端不能与地、电源短路；

（3）输入信号应远小于 $U_{idmax}$ 和 $U_{icmax}$，以防阻塞或损坏器件；

（4）电源不能接反或过高，拔器件时必须断电；

（5）输入端外接直流电阻要相等，小信号高精度直流放大需调零。

2. 集成运放的保护措施

（1）电源极性接错保护电路

集成运算放大器在工作时需要接正、负两种电源，在正、负电源处各接了一个二极管，利用二极管单向导电性，可以防止集成运算放大器因电源极性接错而损坏，如图 5-39 所示。

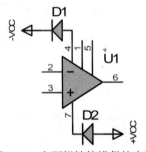

图 5-39 电源极性接错保护电路

（2）输入保护电路

集成运算放大器加输入保护电路的目的是为了防止输入信号幅度过大。在图 5-40（a）中，集成运算放大器的反相输入端与地之间接了两个二极管，其中 D1 用来防止输入信号正半周期电压过大，如果信号电压超过 0.7V，D1 会导通，输入信号正半周期无法超过 0.7V；D2 用来防止输入信号负半周期电压过低，如果信号电压低于-0.7V，D2 会导通，输入信号负半周期电压无法超过-0.7V。

在图 5-40（b）中，在集成运算放大器的同相输入端接了两个二极管，这两个二极管另一端并不是直接接地，而是 D1 接正电压+V，D2 接负电压-V。假设电压 $V$=2V，如果输入信号正电压超过 2.7V，D1 会导通，如果输入信号负电压低于-2.7V，D2 会导通，从而将输入信号的幅度限制在-2.7V～+2.7V 范围内。

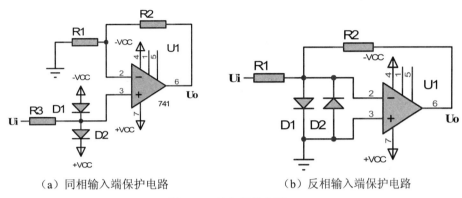

（a）同相输入端保护电路　　　　　　（b）反相输入端保护电路

图 5-40　输入保护电路

（3）输出保护电路

集成运算放大器加输出保护电路的目的是为了防止输出信号幅度过大。输出保护电路如图 5-41 所示。该电路在输出端接了双向稳压管 Vz（Proteus 中无双向稳压管，在这里用两个稳压二极管 D1 和 D2 代替双向稳压管），它的稳压范围是-Vz～+Vz，一旦输出电压超过这个范围，Vz 就会被击穿，将输出信号幅度限制在-Vz～+Vz 范围内。

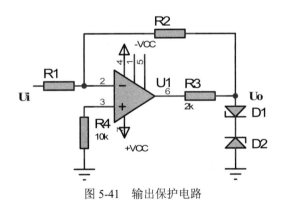

图 5-41　输出保护电路

【技能训练 5-4】　函数发生器电路设计与实现

前面主要介绍了集成运放在信号获取、信号处理方面的应用，现在介绍其在锯齿波、方波和正弦波信号方面的应用。

1. 锯齿波、方波信号发生器电路设计

运行 Proteus 仿真软件，新建"锯齿波、方波信号发生器"设计文件。按照图 5-42 所示，添加、放置并编辑集成运放 LM741、电容器 CAP-ELEC、电阻 RES 等元器件。设计完成锯齿波、方波信号发生器 Proteus 仿真电路后，进行电气规则检测。

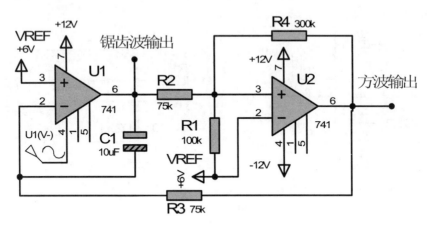

图 5-42　锯齿波、方波信号发生器电路

在图 5-43 中，加入虚拟示波器，单击工具栏的"运行"按钮 ▶，仿真运行电路如图 5-42 所示，图 5-44 为锯齿波、方波信号发生器输出波形。

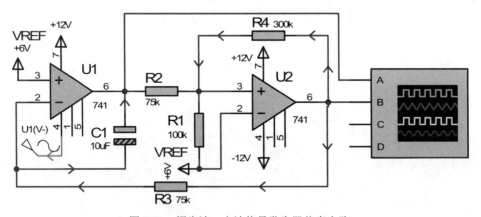

图 5-43　锯齿波、方波信号发生器仿真电路

2. 正弦波信号发生器电路设计与仿真

运行 Proteus 软件，根据正弦波信号发生器理论知识，按照图 5-45 所示，放置并编辑集成运放 LM741、RES、CAP-ELEC、1N4148 等元器件。设计完成正弦波信号发生器电路后，进行电气规则检测。

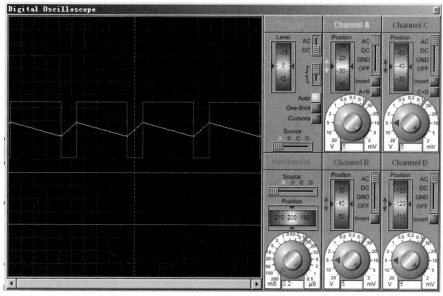

图 5-44　锯齿波、方波信号发生器输出波形

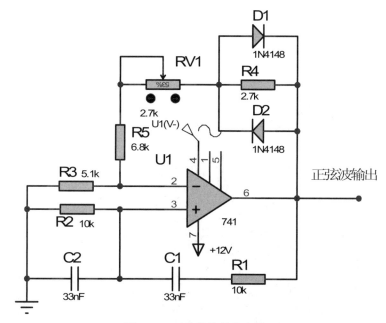

图 5-45　正弦波信号发生器

　　注意电路设计后，往往很难自行启振，由于仿真电路中所有的元器件和电源都是理想的、是"零"噪声的，为了使振荡器能顺利起振，在仿真电路的电源处人为加入了一个很小的交流

扰动信号来仿真电源电压的波动，如图 5-45 所示。

单击工具栏的"运行"按钮 ▶，仿真运行电路如图 5-46 所示，图 5-47 为正弦波信号发生器刚启振时输出波形，图 5-48 为正弦波信号发生器输出信号。

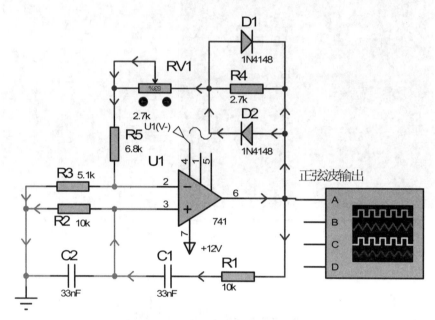

图 5-46　正弦波信号发生器仿真电路

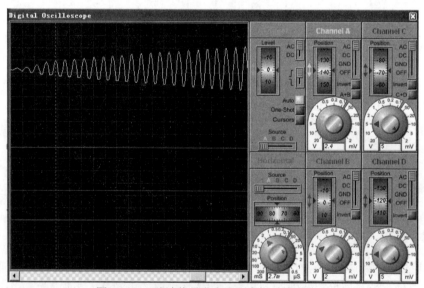

图 5-47　正弦波信号发生器刚启振时输出波形

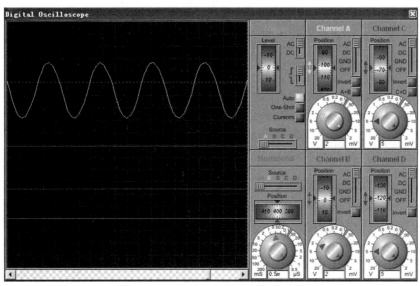

图 5-48　正弦波信号发生器输出信号

## 关键知识点小结

1. 集成运算放大器是一个高放大倍数的多级直接耦合放大电路半导体器件，内部集成了许多半导体三极管、二极管、电阻、电容等元件，可以对输入信号进行加减、乘除、积分和微分等各种数学运算。但其应用范围已远远超出了数学运算，在信号获取、信号处理、波形发生等方面得到广泛的应用。

2. 集成运算放大器内部通常包含输入级、中间级、输出级和偏置级四个基本组成部分。其有三个引线端，一个称为**同相输入端**，即该端输入信号变化的极性与输出端相同，用符号"+"表示；另一个称为**反相输入端**，即该端输入信号变化的极性与输出端相异，用符号"-"表示。输出端一般画在输入端的另一侧，在符号边框内标有"+"号。

3. 理想运算放大器具有"虚短"和"虚断"的特性，"虚短"是指在分析运算放大器处于线性状态时，可以把两输入端视为等电位，这一特性称为虚假短路，简称虚短。"虚断"是指在分析运放处于线性状态时，可以把两输入端视为等效开路，这一特性称为虚假开路，简称虚断。上述两个特性是分析理想运放应用电路的基本原则，可简化运放电路的计算。

4. 由集成运放和外接电阻、电容构成的比例、加减等运算电路称为基本运算电路。根据"虚短"和"虚断"的特点，分析基本运算电路的输出与输入的运算关系或电压放大倍数。

5. 集成运算放大器保护电路：集成运算放大器在工作时需要接正、负两种电源，为了防止集成运算放大器因电源极性接错而损坏，常常要给它加电源极性接错保护电路；集成运算放大器加输入保护电路的目的是为了防止输入信号幅度过大；集成运算放大器加输出保护电路的目的是为了防止输出信号幅度过大。

6. 集成运算放大器在恒流源中的应用：选用低温漂、低偏置、低功耗高精度双通道运算放大器 OP07C 和精密阻容元件可以构成压控恒流源，为传感器提供驱动电流，完成传感信号采集。

7. 集成运算放大器在微弱信号放大电路的应用：采用三个 OP07 双电源单集成运放芯片构成仪表放大器，此放大器能调节、放大输入差模信号，同时具有高输入电阻和高共模抑制比，对不同幅值信号具有稳定的放大倍数。由于传感器所获得的信号常为差模小信号，并含有较大的共模部分，期数值有时远大于差模信号。因此，要求放大器具有较强的共模信号抑制能力。

8. 集成运算放大器在波形发生方面的应用：使用集成运算放大器、电阻和电容组成迟滞比较器和 RC 积分电路，连接成一个方波信号发生器、正弦波信号发生器电路。迟滞比较器是电压比较器一种（单门限电压比较器是一种用来比较输入信号 $u_i$ 和参考电压 $V_{REF}$ 的电路，其抗干扰能力差，如果输入电压在门限附近有微小的干扰，就会导致状态翻转使比较器输出电压不稳定而出现错误阶跃。如果用这个输出电压 $u_o$ 去控制电机，将出现频繁的起停现象，这种情况是不允许的），是一个具有迟滞环传输特性的比较器，能克服单门限电压比较器不足，提高抗干扰能力。

问题与讨论

5-1 集成运算放大器的组成及各部分作用？其输入、输出端特点？

5-2 理想运算放大器有哪些特点？什么是"虚断"和"虚短"？

5-3 什么是反馈？什么是直流反馈和交流反馈？什么是正反馈和负反馈？

5-4 在图 5-32 所示电路中，$R_1=10k\Omega$，$R_F=30k\Omega$，试计算电压放大倍数，并估算 $R_2$ 的取值。

5-5 在图 5-34 所示电路中，$R_1=3k\Omega$，如果要使它的电压放大倍数等于 5，试估算并 $R_F$ 和 $R_2$ 的值各应取多大？

5-6 电压跟随器是一种什么组态的放大器？它能对输入的电压信号放大吗？

5-7 在图 5-36 所示电路中，已知 $R_1=R_2=10k\Omega$，$R_3=R_F=30k\Omega$，$u_{i1}=3V$，$u_{i2}=0.5V$，试求输出电压 $U_o$。

5-8 在图 5-37 所示电路中，已知 $R_1=5k\Omega$，$R_2=R_3=10k\Omega$，$R_F=50k\Omega$，$u_{i1}=30mV$，$u_{i2}=100mV$，试求输出电压 $U_o$。

# 6

# 楼梯灯控制电路设计与实现

**教学目标**

**终极目标**

能完成楼梯灯控制仿真电路设计，能运用异或门或者与非门实现楼梯灯控制仿真电路设计、运行及调试。

**促成目标**

1. 掌握二进制的逻辑运算；
2. 掌握门电路的功能和应用；
3. 掌握逻辑代数的基本定律、公式；
4. 掌握逻辑函数的表示方法、相互转换与化简；
5. 掌握组合逻辑电路的分析设计方法。

## 6.1 工作模块 12 基于异或门楼梯灯控制电路

**工作任务**

使用异或门芯片 74LS86，设计一个能通过楼上、楼下开关控制楼梯灯的控制电路。上楼前在楼下开灯，上楼后关灯；反之下楼前，在楼上开灯，下楼后关灯。

### 6.1.1　基于异或门楼梯灯控制电路设计与实现

**1.　基于异或门楼梯灯控制电路功能分析**

本工作模块涉及到的楼梯灯控制电路，是我们生活中常用的一个双控电路，楼上、楼下安装的开关均为单刀双掷开关，上楼前在楼下开灯，上楼后关灯；反之下楼前，在楼上开灯，下楼后关灯。只要使两个开关同时满足闭合和断开时，楼梯灯灭，而其中一个开关闭合，另一个开关断开时楼梯灯亮，即可实现对楼梯灯的控制。

**2.　基于异或门楼梯灯控制电路设计**

按照工作任务要求，楼梯灯控制电路主要由异或门、开关和灯泡等元器件组成，如图 6-1 所示。

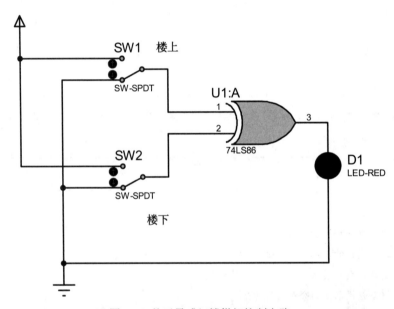

图 6-1　基于异或门楼梯灯控制电路

运行 Proteus 仿真软件，新建"基于异或门楼梯灯控制电路"设计文件。按照图 6-1 所示，添加、放置并编辑异或门 74LS86、发光二极管 LED-RED、单刀双掷开关 SW-SPDT 等元器件。设计完成火灾报警器 Proteus 仿真电路后，进行电气规则检测。

**3.　基于异或门楼梯灯控制电路用 Proteus 仿真运行调试**

打开"基于异或门楼梯灯控制电路"，单击工具栏的"运行"按钮 ▶ ，闭合开关 SW1，断开开关 SW2，或者闭合开关 SW2，断开开关 SW1，仿真运行结果如图 6-2 所示。其中小红色矩形框代表高电平，小蓝色矩形框代表低电平，小灰色矩形框代表悬空。

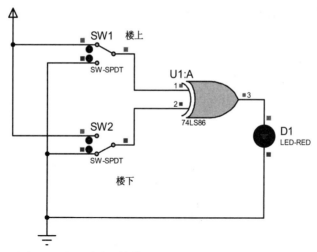

图 6-2　基于异或门楼梯灯控制电路用 Proteus 仿真结果

### 6.1.2　二进制的逻辑运算

数制全称为计数制，是用以表示数值大小的方法。人们通常是按照进位的方式来计数的，称为进位制，简称进制，根据需要可以有多种不同的进制。

数字电路经常遇到计数问题，人们在日常生活中，习惯于用十进制，而在数字系统中，例如在计算机中，多采用二进制，有时也采用八进制或十六进制。

1. 二进制数

二进制是数字电路中应用最广泛的计数制。因为，在数字电路中通常只有高电平和低电平两个状态，数字逻辑电路中一般规定低电平为 0～0.25V，高电平为 3.5～5V。这两个状态刚好可以用二进制数中的两个符号 0 和 1 来表示。0 表示低电平，1 表示高电平。

在二进制中，它的运算规则简单，在电路中也易于实现。在加法运算中，是逢二进一；在减法运算中，是借一当二。

2. 二进制的逻辑运算

（1）逻辑常量与变量

逻辑常量只有两个，即 0 和 1，用来表示两个对立的逻辑状态。

逻辑变量与普通代数一样，也可以用字母、符号、数字及其组合来表示，但它们之间有着本质区别，因为逻辑变量的取值只有两个，即 0 和 1，而没有中间值。

（2）逻辑函数

逻辑函数是由逻辑变量、常量通过运算符连接起来的代数式。同样，逻辑函数也可以用表格和图形的形式表示。

（3）逻辑代数

逻辑代数是研究逻辑函数运算和化简的一种数学系统。逻辑函数的运算和化简是数字电路课程的基础，也是数字电路分析和设计的关键。

（4）基本逻辑运算

在逻辑代数中，有与、或、非三种基本逻辑运算。表示逻辑运算的方法有多种，如语句描述、逻辑代数式、真值表、卡诺图等。

3．三种基本逻辑运算

（1）"与"运算

"与"运算又叫"逻辑乘"。下面用开关串联控制电路来描述"与"逻辑关系，如图 6-3 所示。它所对应的逻辑关系为：只有当一件事情（灯 L 亮）的几个条件（开关 $A$ 与 $B$ 都接通）全部具备之后，这件事情才会发生，这种关系称为与运算。

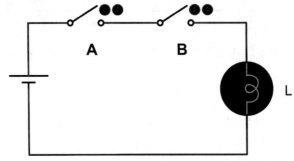

图 6-3　开关串联控制电路

开关 $A$、$B$ 闭合为 1，打开为 0；灯 $Y$ 亮为 1，灭为 0。$Y$ 是 $A$、$B$ 的函数，当且仅当 $A=B=1$（都闭合）时，$Y$ 才等于 1（亮）。

（2）"或"运算

"或"运算又叫"逻辑加"。下面用开关并联控制电路来描述"或"逻辑关系，如图 6-4 所示。它所对立的逻辑关系为：当一件事情（灯 L 亮）的几个条件（开关 $A$、$B$ 接通）中有一个条件得到满足，这件事就会发生，这种关系称为或运算。

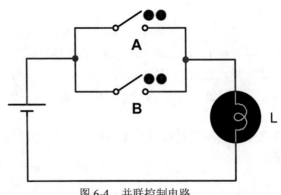

图 6-4　并联控制电路

开关 *A*、*B* 闭合为 1 状态，打开为 0 状态；灯 *Y* 亮为 1 状态，灭为 0 状态。当 *A*=1 或 *B*=1 或 *A*=*B*=1，灯都会亮。

（3）"非"运算

"非"运算又称求反运算。下面用灯与开关并联电路来描述"非"逻辑关系，如图 6-5 所示。它所对应的逻辑关系为：一件事情（灯亮）的发生是以其相反的条件为依据的，这种逻辑关系称为非运算。

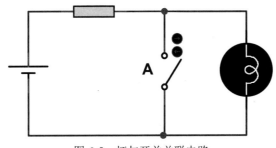

图 6-5　灯与开关并联电路

*A* 闭合为 1 状态，打开为 0 状态；灯 *Y* 亮为 1 状态，灯灭为 0 状态。当 *A* 等于 1 时，灯被旁路，*Y*=0；当 *A* 等于 0 时，电流流过灯，*Y*=1。

### 6.1.3　认识逻辑门

实现逻辑功能的电路，称为逻辑门。逻辑门电路是构成数字电路的基本单元，简称"门电路"。各种门电路均可用二极管和三极管等半导体元件构成。常用的门电路有与门、或门、非门、与非门、或非门、与或非门、异或门、同或门等。

刚开始出现的门电路是由分立元件构成的，后来随着电子技术的发展，出现了集成逻辑门电路。集成逻辑门电路主要有 TTL 系列门电路和 CMOS 系列门电路。TTL 系列门电路是由晶体管－晶体管构成的门电路；CMOS 系列门电路是由增强型 P 沟道 MOS 管和增强型 N 沟道 MOS 管组成的互补对称 MOS 门电路。

1. 与门电路

输入与输出量之间能满足与逻辑关系的电路，称为与门电路。由半导体二极管组成的与门电路和与运算逻辑符号，如图 6-6 所示。

在图 6-6 中，*A*、*B* 为输入端，*Y* 为输出端。用电子电路来实现逻辑运算时，当 *A*=0V，*B*=0V 时，$D_1$、$D_2$ 都导通，输出的 *Y*=0.6V；当 *A*=0V，*B*=5V 时，$D_1$ 导通，$D_2$ 截止，输出的 *Y*=0.6V；当 *A*=5V，*B*=0V 时，$D_1$ 截止，$D_2$ 导通，输出的 *Y*=0.6V；当 *A*=5V，*B*=5V 时，$D_1$、$D_2$ 都截止，输出的 *Y*=5V。

如果高电平用逻辑"1"表示，低电平用逻辑"0"表示，利用表格描述电路输出和输入之间的逻辑关系，可以得到与运算的真值表，如表 6-1 所示。

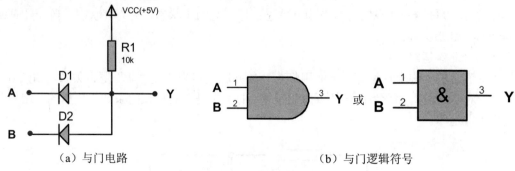

（a）与门电路　　　　　　　　　（b）与门逻辑符号

图 6-6　与门电路和逻辑符号

表 6-1　与运算真值表

| 输入 | | 输出 |
| --- | --- | --- |
| A | B | Y |
| 0 | 0 | 0 |
| 0 | 1 | 0 |
| 1 | 0 | 0 |
| 1 | 1 | 1 |

由表 6-1 可以看出，当输入 $A$、$B$ 中有低电平"0"时，输出 $Y$ 为低电平"0"，只有当输入 $A$、$B$ 都为高电平"1"时，输出 $Y$ 才为高电平"1"。因此，图 6-6 电路实现了与运算，其输入输出之间的逻辑关系为：

$$Y = A \cdot B$$

实现与功能的集成门电路称为集成与门，例如 74LS08 是四 2 输入与门，其管脚排列如图 6-7 所示。

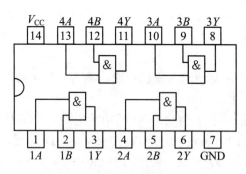

图 6-7　74LS08 管脚排列图

2. 或门电路

输入与输出量之间能满足或逻辑关系的电路，称为或门电路。由半导体二极管组成的或门电路和或运算逻辑符号，如图 6-8 所示。

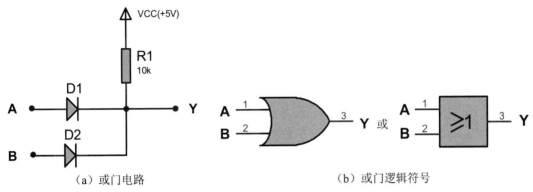

（a）或门电路 　　　　　　　　　　　（b）或门逻辑符号

图 6-8 　或门电路和逻辑符号

在图 6-8 中，$A$、$B$ 为输入端，$Y$ 为输出端。用电子电路来实现逻辑运算时，当 $A=0V$，$B=0V$ 时，$D_1$、$D_2$ 都截止，输出的 $Y=0V$；当 $A=0V$，$B=5V$ 时，$D_2$ 导通，$D_1$ 截止，输出的 $Y=5V$；当 $A=5V$，$B=0V$ 时，$D_1$ 导通，$D_2$ 截止，输出的 $Y=5V$；当 $A=5V$，$B=5V$ 时，$D_1$、$D_2$ 都导通，输出的 $Y=5V$。由此，可得到二极管或门电路的真值表，如表 6-2 所示。

表 6-2 　或运算真值表

| 输入 | | 输出 |
| --- | --- | --- |
| A | B | Y |
| 0 | 0 | 0 |
| 0 | 1 | 1 |
| 1 | 0 | 1 |
| 1 | 1 | 1 |

由表 6-2 可以看出，当输入 $A$、$B$ 中全为低电平"0"时，输出 $Y$ 为低电平"0"，只有当输入 $A$、$B$ 为高电平"1"或全为高电平"1"时，输出 $Y$ 才为高电平"1"。因此，图 6-8 电路实现了或运算，其输入输出之间的逻辑关系为：

$$Y = A + B$$

实现或功能的集成门电路称为集成或门，例如 74LS32 是四 2 输入或门，其管脚排列如图 6-9 所示。

3. 非门电路

输入与输出量之间能满足非逻辑关系的电路，称为非门电路。由三极管组成的非门电路和非运算逻辑符号，如图 6-10 所示。

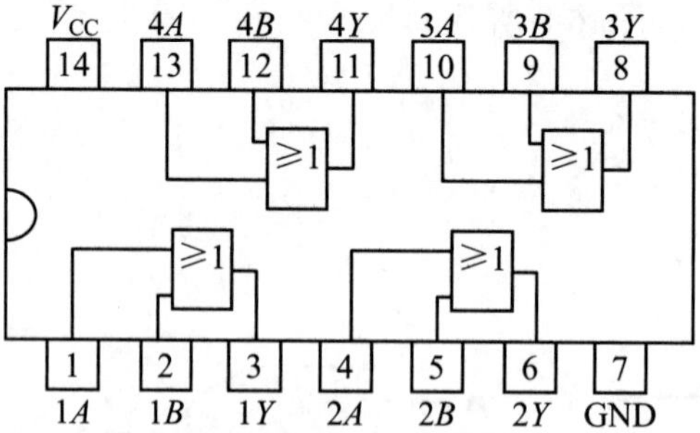

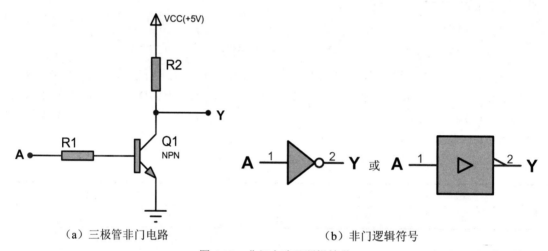

图 6-9　集成 74LS32 管脚排列图

（a）三极管非门电路　　　　　　　　（b）非门逻辑符号

图 6-10　非门电路及逻辑符号

　　通过合理设计该电路相关元件参数，使三极管能可靠地工作在饱和区和截止区。在理想情况下，当 $A=5V$ 时，三极管饱和导通，输出 $Y≈0V$；当 $A=0V$ 时，三极管截止，输出电压 $Y≈5V$。由此，可得到三极管非门电路的真值表，如表 6-3 所示。

表 6-3　非运算真值表

| 输入 | 输出 |
| --- | --- |
| A | Y |
| 0 | 1 |
| 1 | 0 |

　　由表 6-3 可以看出，当输入 $A$ 为低电平"0"时，输出 $Y$ 为高电平"1"，当输入 $A$ 为高电平"1"时，输出 $Y$ 为低电平"0"。因此，图 6-10 电路实现了非运算，其输入输出之间的逻辑关系为：

$$Y = \overline{A}$$

实现非功能的集成门电路称为集成非门，例如 74LS04 是六非门（六反相器），其管脚排列如图 6-11 所示。

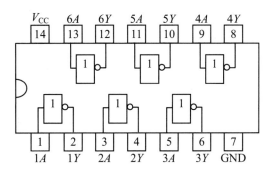

图 6-11　集成 74LS04 管脚排列图

将前面介绍的与门、或门和非门三种基本的逻辑电路进行适当的连接，就可以实现其他门电路逻辑功能，相应的电路称为复合门电路。

4. 与非门

将与门和非门串联便可以实现与非门电路，其逻辑符号如图 6-12 所示。

图 6-12　与非门逻辑符号

$A$、$B$ 为输入变量，$Y$ 为输出变量，与门输出同时作为非门的输入变量。根据与门和非门的逻辑功能可得到与非门真值表，如表 6-4 所示。

表 6-4　与非运算真值表

| 输入 | | 输出 |
| --- | --- | --- |
| A | B | Y |
| 0 | 0 | 1 |
| 0 | 1 | 1 |
| 1 | 0 | 1 |
| 1 | 1 | 0 |

其输入输出之间的逻辑关系为：

$$Y = \overline{A \cdot B}$$

实现与非功能的集成门电路称为集成与非门，例如 74LS00 是四 2 输入与门，其管脚排列及各管脚功能如图 6-13 所示。

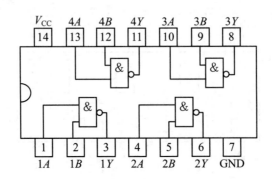

图 6-13  集成 74LS00 管脚排列图

另外常用的集成与非门电路还有 74LS10（三 3 输入与非门）、74LS20（二 4 输入与非门），其管脚排列分别如图 6-14 和图 6-15 所示。

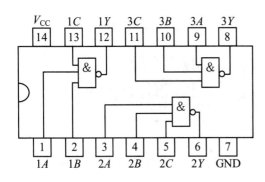

图 6-14  集成 74LS10 管脚排列图

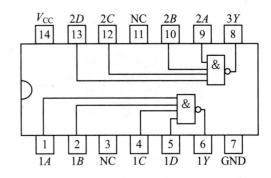

图 6-15  集成 74LS20 管脚排列图

**5. 或非门**

将或门和非门串联便可以实现或非门电路，其逻辑符号如图 6-16 所示。

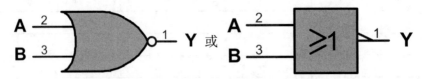

图 6-16  或非门逻辑符号

$A$、$B$ 为输入变量，$Y$ 为输出变量，或门输出同时作为非门的输入变量。根据或门和非门的逻辑功能可得到或非门真值表，如表 6-5 所示。

表 6-5　或非运算真值表

| 输入 | | 输出 |
|---|---|---|
| A | B | Y |
| 0 | 0 | 1 |
| 0 | 1 | 0 |
| 1 | 0 | 0 |
| 1 | 1 | 0 |

其输入输出之间的逻辑关系为：

$$Y = \overline{A + B}$$

实现或非功能的集成门电路称为集成或非门，例如 74LS02 是四 2 输入或非门，其管脚排列如图 6-17 所示。

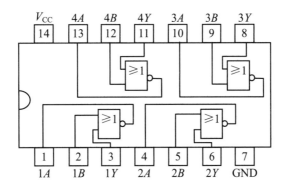

图 6-17　集成 74LS02 管脚排列图

6. 与或非门

与或非门是由与门、或门和非门组成的，与或非门逻辑符号如图 6-18 所示。

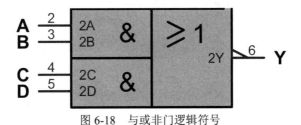

图 6-18　与或非门逻辑符号

在图 6-18 中，$A$ 和 $B$ 相与的值以及 $C$ 和 $D$ 相与的值，作为或门的输入，两值相或后，经非门输出。由此可得到与或非门真值表，如表 6-6 所示。

表6-6 与或非运算真值表

| 输入 | | | | 输出 |
|---|---|---|---|---|
| A | B | C | D | Y |
| 0 | 0 | 0 | 1 | 1 |
| 0 | 0 | 1 | 0 | 1 |
| 0 | 0 | 1 | 1 | 0 |
| 0 | 1 | 0 | 0 | 1 |
| 0 | 1 | 0 | 1 | 1 |
| 0 | 1 | 1 | 0 | 1 |
| 0 | 1 | 1 | 1 | 0 |
| 1 | 0 | 0 | 0 | 1 |
| 1 | 0 | 0 | 1 | 1 |
| 1 | 0 | 1 | 0 | 1 |
| 1 | 0 | 1 | 1 | 0 |
| 1 | 1 | 0 | 0 | 0 |
| 1 | 1 | 0 | 1 | 0 |
| 1 | 1 | 1 | 0 | 0 |
| 1 | 1 | 1 | 1 | 0 |

其输入输出之间的逻辑关系为：

$$Y = \overline{A \cdot B + C \cdot D}$$

实现与或非功能的集成门电路称为集成与或非门，例如 74LS51 是双 2 路 2-2 输入与或非门，其管脚排列如图 6-19 所示。

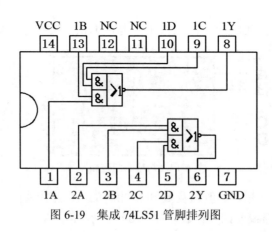

图 6-19 集成 74LS51 管脚排列图

**7. 异或门**

能实现"异或"逻辑功能的电路称为异或门。异或门是由非门、与门和或门组成的，其逻辑符号如图 6-20 所示。异或门真值表如表 6-7 所示。

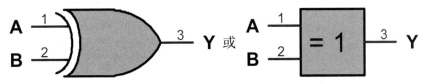

图 6-20    异或门逻辑符号

表 6-7    异或运算真值表

| 输入 | | 输出 |
| --- | --- | --- |
| A | B | Y |
| 0 | 0 | 0 |
| 0 | 1 | 1 |
| 1 | 0 | 1 |
| 1 | 1 | 0 |

其输入输出之间的逻辑关系为：

$$Y = \overline{A} \cdot B + A \cdot \overline{B} = A \oplus B$$

实现异或功能的集成门电路称为集成异或门，例如 **74LS86** 是四路 2 输入异或门，其管脚排列如图 6-21 所示。

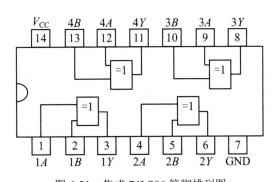

图 6-21    集成 74LS86 管脚排列图

**8. 同或门**

能实现"同或"逻辑功能的电路称为同或门，又称异或非门。同或门是由非门、与门和或门组成的，其逻辑符号如图 6-22 所示。同或门真值表如表 6-8 所示。

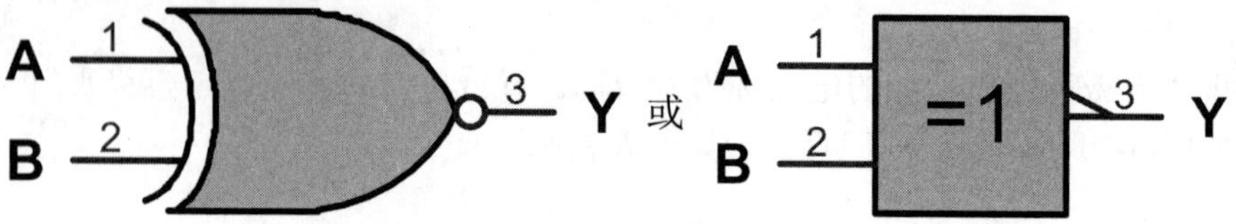

图 6-22　同或门逻辑符号

表 6-8　同或运算真值表

| 输入 | | 输出 |
| --- | --- | --- |
| A | B | Y |
| 0 | 0 | 1 |
| 0 | 1 | 0 |
| 1 | 0 | 0 |
| 1 | 1 | 1 |

其输入输出之间的逻辑关系为：

$$Y = \overline{A} \cdot \overline{B} + A \cdot B = \overline{A \oplus B} = A \odot B$$

实现同或功能的集成门电路称为集成同或门，例如 74LS266 是四路 2 输入同或门，其管脚排列如图 6-23 所示。

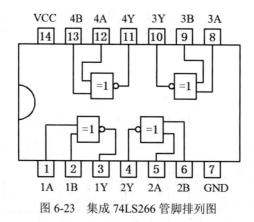

图 6-23　集成 74LS266 管脚排列图

### 【技能训练 6-1】　门电路功能测试

任何复杂的数字电路（组合逻辑电路和时序逻辑电路）都是由常用逻辑门电路通过适当的逻辑组合连接而成的。因此掌握逻辑门电路的工作原理、逻辑功能和熟练使用逻辑门电路是学好计算机电路的重要前提。

本技能训练选用的是实际工作中广泛使用的 TTL 集成门电路芯片，之所以使用广泛是因其具有工作速度高、输出幅度大、种类多、不易损坏等特点。

本技能训练选用的 TTL 集成门电路芯片是 74LS 系列的，它们采用双列直插式（DIP）封装形式。集成芯片管脚识别方法：将 TTL 集成门电路正面（印有集成门电路型号标记）正对自己，有缺口或有圆点的一端置向左方，左方第一管脚为管脚"1"，按逆时针方向数，如图 6-24 所示。

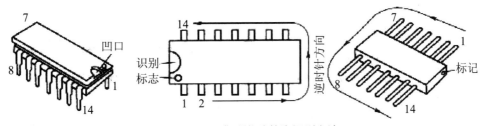

图 6-24　TTL 集成芯片管脚识别方法

在使用时，具体各管脚的功能可以通过查阅集成电路器件手册得知。今天我们主要测试的是 TTL 与非门的逻辑功能，图 6-25 为四 2 输入与非门 74LS00 的引脚排列。

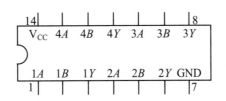

图 6-25　四 2 输入与非门 74LS00

（1）按图 6-26 连线。将开关 SW1、SW2 的输出口与 74LS00 的输入端相连，74LS00 的输出端接发光二极管 LED，用于指示逻辑电平的高低。

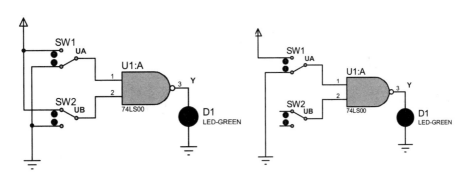

图 6-26　74LS00 逻辑功能测试电路

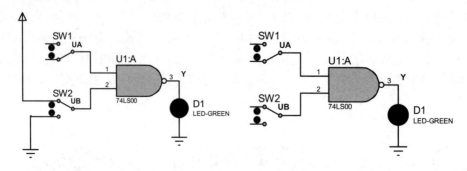

图 6-26　74LS00 逻辑功能测试电路（续图）

（2）按表 6-9 的要求改变任一单元输入端的电压状态，观察对应单元的输出端变化，当电平指示灯亮时记为 1，灭时记为 0，将测试结果记录在表 6-9 中。TTL 门电路输入端悬空相当于 1，CMOS 门电路输入端不允许悬空。

表 6-9　74LS00 逻辑功能测试

| 输入状态 | | 输出状态 |
| --- | --- | --- |
| $U_A$ | $U_B$ | $U_Y$ |
| 0 | 0 | |
| 0 | 1 | |
| 1 | 0 | |
| 1 | 1 | |
| 0 | 悬空 | |
| 1 | 悬空 | |
| 悬空 | 0 | |
| 悬空 | 1 | |
| 悬空 | 悬空 | |

（3）用上述同样的方法测试 74LS08、74LS32、74LS04、74LS02、74LS51、74LS86 的逻辑功能，并判断它们是什么门电路。

## 6.2　工作模块 13　基于与非门楼梯灯控制电路

工作任务

使用与非门 74LS00 和非门 74LS04，设计一个楼上、楼下开关都能够控制楼梯灯打开和关闭的控制电路，使得在上楼前，可以用楼下开关打开灯，上楼后，能用楼上开关关掉灯；或者在楼上，能用楼上开关打开灯，下楼后，能用楼下开关关掉灯。

### 6.2.1　基于与非门楼梯灯控制电路设计与实现

1. 基于与非门楼梯灯控制电路设计

根据组合逻辑电路的设计方法，化简后得到的逻辑表达式为：$Y = \overline{\overline{AB} \cdot \overline{\overline{A}\overline{B}}}$，画出的电路如图 6-27 所示。

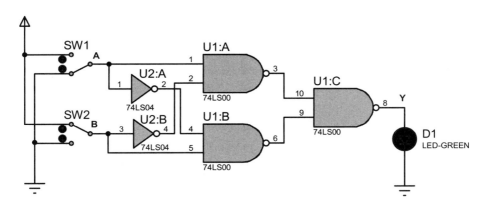

图 6-27　基于与非门楼梯灯控制电路

2. 基于与非门楼梯灯控制电路用 Proteus 仿真运行调试

（1）运行 Proteus 软件，打开"基于与非门楼梯灯控制电路"。

（2）全速运行仿真。单击工具栏的"运行"按钮 ▶ ，闭合开关 SW1，断开开关 SW2，或者闭合开关 SW2，断开开关 SW1，仿真运行结果如图 6-28 所示。

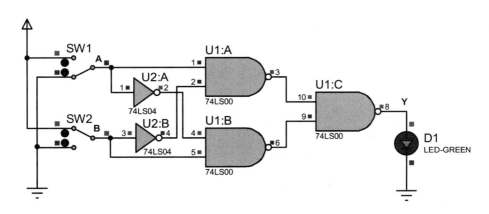

图 6-28　基于与非门楼梯灯控制电路用 Proteus 仿真结果

### 6.2.2　逻辑代数基本公式及基本定律

1. 逻辑代数的基本公式

因为逻辑变量的取值是 0 和 1，而逻辑代数中只有 0 和 1 两个常量，最基本的逻辑运算是与、或、非三种，因而逻辑代数的基本公式有与、或、非三种。

（1）与的逻辑运算公式：
$$0 \cdot 0 = 0 \qquad 0 \cdot 1 = 0 \qquad 1 \cdot 0 = 0 \qquad 1 \cdot 1 = 1$$

（2）或的逻辑运算公式：
$$0 + 0 = 0 \qquad 0 + 1 = 1 \qquad 1 + 0 = 1 \qquad 1 + 1 = 1$$

（3）非的逻辑运算公式：
$$\overline{0} = 1 \qquad \overline{1} = 0$$

2. 逻辑代数的基本定律

（1）交换律
$$A \cdot B = B \cdot A \quad A + B = B + A$$

（2）结合律
$$(A \cdot B) \cdot C = A \cdot (B \cdot C) \qquad (A + B) + C = A + (B + C)$$

（3）分配律
$$A \cdot (B + C) = A \cdot B + A \cdot C \qquad A + B \cdot C = (A + B) \cdot (A + C)$$

（4）互补律
$$A \cdot \overline{A} = 0 \qquad A + \overline{A} = 1$$

（5）重叠律
$$A \cdot A = A \qquad A + A = A$$

（6）反演律（德·摩根定理）
$$\overline{A \cdot B} = \overline{A} + \overline{B} \qquad \overline{A + B} = \overline{A} \cdot \overline{B}$$

（7）吸收律
$$A \cdot (A + B) = A \qquad A + A \cdot B = A$$
$$(A + B) \cdot (A + C) = A + BC \qquad A + \overline{A} \cdot B = A + B$$

（8）还原律
$$\overline{\overline{A}} = A$$

需要注意的是，上述基本公式只反映逻辑关系，而不是数量之间的关系，因此，初等代数中的移项规则不能使用。可根据逻辑代数基本运算规则从上述定律中得到更多的公式，从而扩充基本定律的使用范围。

### 6.2.3　逻辑函数表示方法及相互转换

逻辑函数是反映输入逻辑变量与输出逻辑变量之间的逻辑关系，或称因果关系。设某一逻辑系统输入逻辑变量为 $A_1$，$A_2$，…，$A_n$，输出逻辑变量为 $Y$。当 $A_1$，$A_2$，…，$A_n$ 取值确定后，$Y$ 的值就被唯一地确定下来，则称 $Y$ 是 $A_1$，$A_2$，…，$A_n$ 的逻辑函数，函数式为：

$$Y=F（A_1，A_2，…，A_n）$$

逻辑变量和逻辑函数都只有 0 和 1 两种取值，逻辑函数常用表示方法有逻辑函数式、真值表法、逻辑图、卡诺图和波形图，并且可以任意进行转换。在使用时，可以根据具体情况选用最简洁或最适当的一种方法来表示所研究的逻辑函数。

**1. 逻辑函数表示方法**

（1）逻辑函数的表达式法

逻辑函数表达式是将逻辑变量用与、或、非等逻辑运算组合起来的逻辑函数表达式。例如：

$$Y = A\overline{B} + \overline{A}B$$

用函数式表达的特点是直接反映各个逻辑变量间的运算关系，便于化简、运算、变换。但它不能直接反映变量取值的对应关系，而且一个逻辑函数通常有多种函数式，一般取两种表达形式：与或式和或非式。

（2）逻辑函数的真值表法

真值表法是将输入逻辑变量在各种可能的取值组合下分别对应的函数值全部排列在一起组成的表格。下面以逻辑函数 $Y = A \cdot B$ 为例，分析列真值表的方法。

在逻辑函数 $Y = A \cdot B$ 中，每个逻辑变量都有两种取值 0 和 1，所以 $A$、$B$ 有四种可能的组合，每种组合下可得到一个逻辑函数的值，其真值表如表 6-10 所示。

表 6-10　Y=A·B 真值表

| 输入 | | 输出 |
|---|---|---|
| A | B | Y |
| 0 | 0 | 0 |
| 0 | 1 | 0 |
| 1 | 0 | 0 |
| 1 | 1 | 1 |

真值表法能直观地反映变量取值和函数值的对应关系，给出逻辑问题后，很容易直接列出真值表，但对多个变量的函数，列表比较麻烦。

（3）逻辑函数的逻辑图法

用规定的逻辑符号表示逻辑函数的运算关系。利用三种最基本的逻辑符号可以化出 $Y = A\overline{B} + \overline{A}B$ 的逻辑图，如图 6-29 所示。

逻辑图与数字电路与门、或门、非门器件有直接对应关系，作为逻辑原理图，便于用器件实现，但同样不能运算和变换。

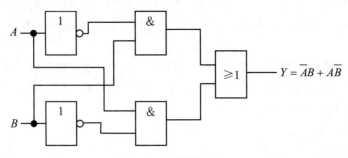

图 6-29　逻辑图法

**2. 逻辑函数表示方法的相互转换**

逻辑函数的几种描述方法各有特点，各种方法相互之间可以由一种形式转化为其他形式，转换方法如下：

（1）由真值表写函数式

将函数值为 1 的项，各写一个与项，用 1 代表原变量，用 0 代表反变量。所有函数值为 1 的项之间用或的关系表示，写成与或式表达式。例如由表 6-7 所示，可得：$Y = A\overline{B} + \overline{A}B$。

（2）由函数式画真值表

将变量所有取值组合列于真值表中，原变量表示 1，反变量表示 0。函数式中所包含的每一项对应的函数值为 1，而不包含的取值组合对应的函数值为 0。例如：$Y = A\overline{B} + \overline{A}B$，其中 $A$、$B$ 所有组合为：00、01、10、11，在取值为 01 和 10 时，$Y=1$；而取值为 00 和 11 时，Y=0。

（3）由函数式画逻辑图

用相应逻辑符号表示逻辑函数式可得到相应逻辑图，如：$Y = A\overline{B} + \overline{A}B$，可得其逻辑图如图 6-30 所示。

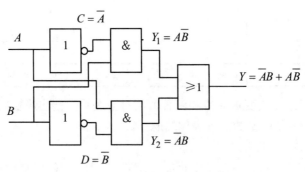

图 6-30　函数式转换逻辑图

（4）由逻辑图写函数式

由逻辑图输入端逐级写出各逻辑符号输出端的表达式。由图 6-30 可得：

$$C = \overline{A}, \quad D = \overline{B}, \quad Y_1 = A\overline{B}, \quad Y_2 = \overline{A}B, \quad Y = A\overline{B} + \overline{A}B$$

### 6.2.4　逻辑函数化简

**1. 逻辑函数化简的意义及其最简形式**

逻辑函数的化简是分析和设计数字系统的重要步骤。化简的目的是利用上述公式、规则和图形通过等价逻辑变换，使逻辑函数式成为最简式，从而使用最少的元器件设计实现数字电路的逻辑功能。最常用的最简式是与或式和或与式。例如：

$$
\begin{aligned}
Y &= AB + \overline{B}C & \text{与或式} \\
&= AB + \overline{B}C + AC = (B+C)(\overline{B}+A) & \text{或与式} \\
&= \overline{\overline{AB + \overline{B}C}} = \overline{\overline{AB} \cdot \overline{\overline{B}C}} & \text{与非—与非式} \\
&= \overline{\overline{(B+C)(\overline{B}+A)}} = \overline{\overline{B+C} + \overline{\overline{B}+A}} & \text{或非—或非式} \\
&= \overline{\overline{B} \cdot \overline{C} + \overline{A} \cdot B} & \text{与或非式}
\end{aligned}
$$

由以上五种表达式可见，与或式最简单，实现起来所用元器件最少。

**2. 逻辑函数的公式化简法**

公式化简是利用逻辑函数的基本公式、定律化简函数，消去函数式中多余的乘积项和每个乘积项中多余的因子，使之成为最简"与或"式。公式化简过程中常用以下几种方法。

（1）吸收法

利用公式：$A + AB = A$，消去多余的乘积项 $AB$。如：

$$Y = AB + ABCD = AB(1+CD) = AB$$

（2）并项法

利用公式：$A + \overline{A} = 1$，将两项合并为一项，消去一个变量。如：

$$Y = ABC + A\overline{B}C + \overline{AC} = AC(B+\overline{B}) + \overline{AC} = AC + \overline{AC}$$

（3）消去冗余项法

利用公式：$AB + \overline{A}C + BC = AB + \overline{A}C$，将冗余项 $BC$ 消去。如：

$$
\begin{aligned}
Y &= A\overline{B} + \overline{A}C + \overline{B}CD \\
&= A\overline{B} + \overline{A}C + \overline{B}C + \overline{B}CD \\
&= A\overline{B} + \overline{A}C + \overline{B}C(1+D) \\
&= A\overline{B} + \overline{A}C
\end{aligned}
$$

（4）配项法

利用公式：$A + \overline{A} = 1$，某项乘以等于 1 的项配上所缺的因子；$A + A = A$，使某项能合并；$A \cdot \overline{A} = 0$，添加等于 0 的项便于合并。如：

$$Y = A\overline{B} + B\overline{C} + \overline{B}C + \overline{A}B$$
$$= A\overline{B} + B\overline{C} + \overline{B}C(A + \overline{A}) + \overline{A}B(C + \overline{C})$$
$$= A\overline{B} + B\overline{C} + A\overline{B}C + \overline{A}\,\overline{B}C + \overline{A}BC + \overline{A}B\overline{C}$$
$$= A\overline{B}(1 + C) + B\overline{C}(1 + \overline{A}) + \overline{A}C(B + \overline{B})$$
$$= A\overline{B} + B\overline{C} + \overline{A}C$$

化简函数时，应将上述公式综合灵活应用，以得到较好的结果。这不仅要熟悉公式、定理，还要有一定的运算技巧，而且善于判断所得结果是否为最简式。因而在化简复杂函数时，更多地采用卡诺图法化简。

3. 逻辑函数的卡诺图化简法

卡诺图化简法是将逻辑函数用卡诺图表示。在图上进行函数化简，它能既简便，又直观地得到最简函数式，是逻辑函数常用的化简方法。卡诺图的化简步骤如下：

（1）逻辑函数最小项表达式

用卡诺图化简的第一步是写出需要化简函数的最小项表达式，那么，什么是最小项？什么是最小项表达式？怎么写出最小项表达式？下面将分别来进行叙述。

逻辑函数的最小项的定义：在 $n$ 个变量组成的乘积项中，若每个变量都以原变量或反变量的形式作为一个因子出现一次，那么该乘积项称为 $n$ 变量的一个最小项。根据最小项的定义，二变量 $A$、$B$ 的最小项：

$$AB \text{ 、 } A\overline{B} \text{ 、 } \overline{A}B \text{ 、 } \overline{A}\,\overline{B}$$

三变量的最小项：

$$ABC \text{ 、 } AB\overline{C} \text{ 、 } A\overline{B}C \text{ 、 } A\overline{B}\,\overline{C} \text{ 、 } \overline{A}BC \text{ 、 } \overline{A}B\overline{C} \text{ 、 } \overline{A}\,\overline{B}C \text{ 、 } \overline{A}\,\overline{B}\,\overline{C}$$

$n$ 个变量的最小项有 $2^n$ 个。

为了便于书写，通常用 $m_i$ 对最小项编号。如把某最小项中原变量记为 1，反变量记为 0，该最小项按确定的顺序排列成一个二进制数，则与该二进制数对应的十进制数就是下标 $i$ 的值。如三变量最小项 $\overline{A}BC$ 的取值组合为 011，对应的十进制数为 3，则该项的编号为 $m_3$。按此原则，三变量的全部八个最小项的编号分别为：

$$m_0 \text{ 、 } m_1 \text{ 、 } m_2 \text{ 、 } m_3 \text{ 、 } m_4 \text{ 、 } m_5 \text{ 、 } m_6 \text{ 、 } m_7$$

任何一个逻辑函数都可以表示为一组最小项的和的形式，称为最小项表达式或标准与或式。写出最小项表达式的方法是在不是最小项形式的乘积项中乘以（ $X + \overline{X}$ ），补齐所缺因子，便可以得到最小项表达式。

下面以 $Y = A\overline{C} + \overline{A}C + B\overline{C} + \overline{B}C$ 为例，介绍如何写出其最小项表达式。

$$Y = A\overline{C} + \overline{A}C + B\overline{C} + \overline{B}C$$
$$= A\overline{C}(B + \overline{B}) + \overline{A}C(B + \overline{B}) + (A + \overline{A})B\overline{C} + (A + \overline{A})\overline{B}C$$
$$= \overline{A}BC + \overline{A}B\overline{C} + \overline{A}\,\overline{B}C + A\overline{B}\overline{C} + A\overline{B}C + AB\overline{C}$$
$$= m_1 + m_2 + m_3 + m_4 + m_5 + m_6 = \sum_m (1,2,3,4,5,6)$$

（2）用卡诺图表示逻辑函数

卡诺图是由美国工程师卡诺（Karnaugh）设计的，故称为卡诺图。若逻辑函数含有 $n$ 个变量，其卡诺图由 $2^n$ 个小方格组成，每个小方格对应一个最小项。用卡诺图表示逻辑函数时，逻辑函数包含的最小项对应小方格中填入 1，剩下的填 0 或不填。

上例是属于三变量的卡诺图，三变量的卡诺图画法，如图 6-31 所示。上例的卡诺图，如图 6-32 所示。

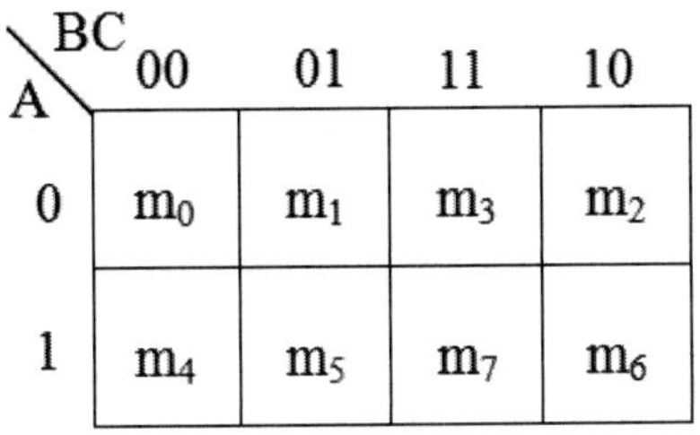

| A\BC | 00 | 01 | 11 | 10 |
|------|------|------|------|------|
| 0 | $m_0$ | $m_1$ | $m_3$ | $m_2$ |
| 1 | $m_4$ | $m_5$ | $m_7$ | $m_6$ |

图 6-31　三变量的卡诺图画法

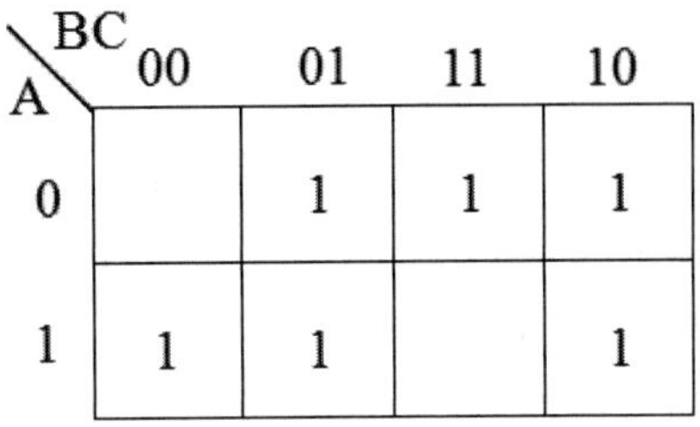

| A\BC | 00 | 01 | 11 | 10 |
|------|------|------|------|------|
| 0 | | 1 | 1 | 1 |
| 1 | 1 | 1 | | 1 |

图 6-32　上例的卡诺图表示

（3）画圈合并最小项

对具有逻辑相邻性即值为 1 的小方格画圈，如图 6-33 所示。

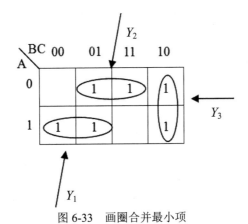

图 6-33　画圈合并最小项

所谓逻辑相邻性是指：由 $n$ 个变量组成的 $2^n$ 个最小项中，如果两个最小项仅有一个因子不同，其余因子均相同，则称这两个最小项为逻辑相邻项。

画圈合并最小项应注意几个问题：

1）圈越大越好，圈中包含的最小项越多消去的变量越多；

2）必须按 $2^n$ 个最小项画圈；

3）每个圈中至少包含一个新的最小项；

4）必须把组成函数的所有最小项圈完。

（4）写出函数表达式

每个圈的化简结果分别用 $Y_1$、$Y_2$、$Y_3$ 表示，整个逻辑函数的化简用 $Y$ 表示，则：

$$Y = Y_1 + Y_2 + Y_3$$

即：

$$Y_1 = A\overline{B} 、\ Y_2 = \overline{A}C 、\ Y_3 = B\overline{C}$$

$$Y = Y_1 + Y_2 + Y_3 = A\overline{B} + \overline{A}C + B\overline{C}$$

#### 6.2.5　组合逻辑电路分析与设计

逻辑电路按照其功能的不同，可以把数字电路分成两大类，一类是组合逻辑电路，简称组合电路；另一类是时序逻辑电路，简称时序电路。

组合逻辑电路的特点是电路在任意时刻的输出状态只取决于该时刻的输入状态，而与该时刻之前的电路状态无关。

**1. 组合逻辑电路的分析**

（1）组合逻辑电路的分析步骤

分析组合逻辑电路的目的，就是要找出电路输入和输出之间的逻辑关系，分析步骤如下：

1）根据给定的逻辑电路，写出逻辑函数表达式（逐级写出逻辑函数表达式），最后写出该电路的输出与输入的逻辑表达式。

2）首先对写出的逻辑函数表达式进行化简，一般采用公式法或卡诺图法。

3）由简化的逻辑表达式列出真值表。

4）根据真值表和逻辑表达式对逻辑电路进行分析，判断该电路所能完成的逻辑功能，作出简要的文字描述，或进行改进设计。

（2）组合逻辑电路的分析举例

下面举例说明对组合逻辑电路的分析，掌握其基本思路及方法。例如，分析如图 6-34 所示组合逻辑电路的逻辑功能。

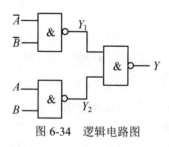

图 6-34　逻辑电路图

1）写出逻辑函数表达式：

$$Y_1 = \overline{\overline{A} \cdot \overline{B}} \qquad Y_2 = \overline{A \cdot B} \qquad Y = \overline{Y_1 \cdot Y_2} = \overline{\overline{\overline{A}\,\overline{B}} \cdot \overline{AB}}$$

2）化简函数表达式：

$$Y = \overline{\overline{\overline{AB} \cdot \overline{AB}}} = \overline{\overline{AB}} + \overline{\overline{AB}}$$

3）根据表达式列出真值表，如表 6-11 所示。

表 6-11　真值表

| A | B | Y |
|---|---|---|
| 0 | 0 | 1 |
| 0 | 1 | 0 |
| 1 | 0 | 0 |
| 1 | 1 | 1 |

4）根据真值表描述电路逻辑功能。

由表 6-11 可知，当输入 $A=B$ 时，输出 $Y$ 为 1，当输入 $A \neq B$ 时，输出 $Y$ 为 0。该电路实质上是一个同或门电路。

### 2. 组合逻辑电路的设计

（1）组合逻辑电路的设计步骤

所谓组合逻辑电路设计方法，就是从给定逻辑功能的要求，求出逻辑电路图的过程。

1）对命题要求的逻辑功能进行分析，确定逻辑变量，并进行逻辑赋值。

命题分析就是要确定命题隐含的因果关系，找出原因和结果相关的因素，并分别作为输入和输出变量。逻辑赋值是指针对不同逻辑信号的不同状态分别用哪个逻辑信号来表示的过程。

2）根据设计的逻辑要求列真值表。

真值表是用表格的形式来描述输出变量和输入变量之间的逻辑关系。根据因果关系，把变量的各种取值和相应的函数值，一一在表格中体现出来，而变量取值顺序则常按二进制数递增排列。

3）根据真值表写出函数表达式。

4）化简函数表达式或作适当形式的变换。

5）画出逻辑图，进行实验验证。

值得注意的是，这些步骤并不是固定不变的，实际设计时，根据具体情况和问题难易程度有的步骤是可省略的。

（2）组合逻辑电路的设计举例

现通过一个具体例子来阐明组合逻辑电路的设计方法。例如，设计一个三变量多数表决电路，执行的功能是：少数服从多数，多数赞成时决议生效（要求用与非门实现）。

1）分析命题，设三变量为 $A$、$B$、$C$ 作输入，输出函数为 $Y$，对逻辑变量赋值，$A$、$B$、$C$ 同意为 1，不同意为 0，输出函数 $Y=1$ 表示表决通过，$Y=0$ 表示不通过。

2）根据设计的逻辑要求列出真值表，如表 6-12 所示。

表6-12　真值表

| A | B | C | Y |
|---|---|---|---|
| 0 | 0 | 0 | 0 |
| 0 | 0 | 1 | 0 |
| 0 | 1 | 0 | 0 |
| 0 | 1 | 1 | 1 |
| 1 | 0 | 0 | 0 |
| 1 | 0 | 1 | 1 |
| 1 | 1 | 0 | 1 |
| 1 | 1 | 1 | 1 |

3）根据真值表写出函数表达式。

$$Y = \overline{A}BC + A\overline{B}C + AB\overline{C} + ABC$$

4）化简函数表达式，并作适当形式的变换。

$$Y = \overline{A}BC + A\overline{B}C + AB\overline{C} + ABC$$

$$= (\overline{A}BC + ABC) + (A\overline{B}C + ABC) + (AB\overline{C} + ABC)$$

$$= BC(\overline{A} + A) + AC(B + \overline{B}) + AB(C + \overline{C}) = BC + AC + AB$$

$$Y = BC + AC + AB = \overline{\overline{BC + AC + AB}} = \overline{\overline{BC} \cdot \overline{AC} \cdot \overline{AB}}$$

5）画出电路图，如图 6-35 所示。

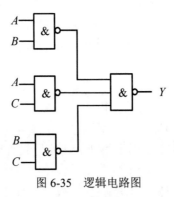

图 6-35　逻辑电路图

## 【技能训练 6-2】 基于与非门报警控制电路设计

某设备有开关 $A$、$B$、$C$，要求仅在开关 $A$ 接通的条件下，开关 $B$ 才能接通；开关 $C$ 仅在开关 $B$ 接通的条件下才能接通，违反这一规程，则发出报警信号。设计一个由与非门组成的能实现这一功能的报警控制电路。

设计步骤如下：

（1）分析命题，确定逻辑变量，进行逻辑赋值。

根据题意，三个开关 A、B、C 的状态应作为输入变量，报警控制电路发出报警信号应作为输出变量，用 Y 表示。设开关接通用"1"表示，断开用"0"表示；报警用"1"表示，不报警用"0"表示。

（2）列真值表。根据命题表明的逻辑关系和上述假设，可列出如表 6-13 所示的真值表。

表 6-13　真值表

| A | B | C | Y |
| --- | --- | --- | --- |
| 0 | 0 | 0 | 0 |
| 0 | 0 | 1 | 1 |
| 0 | 1 | 0 | 1 |
| 0 | 1 | 1 | 1 |
| 1 | 0 | 0 | 0 |
| 1 | 0 | 1 | 1 |
| 1 | 1 | 0 | 1 |
| 1 | 1 | 1 | 0 |

（3）根据真值表写出函数表达式，并化简。

$$Y = \overline{A}\,\overline{B}C + \overline{A}B\overline{C} + \overline{A}BC + A\overline{B}C = \overline{A}B + \overline{B}C$$

（4）全部用与非门实现表达式，作与非表达式的变换。

$$Y = \overline{\overline{\overline{A}B + \overline{B}C}} = \overline{\overline{\overline{A}B} \cdot \overline{\overline{B}C}}$$

（5）画出电路图，如图 6-36 所示。

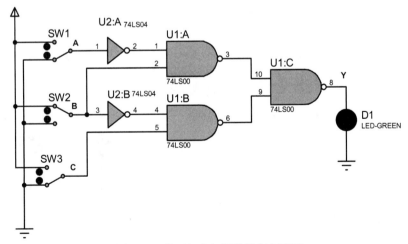

图 6-36　基于与非门报警控制电路图

## 【技能训练6-3】 基于与非门水泵供水控制电路设计

有一水箱由大、小两台水泵 $M_L$ 和 $M_S$ 供水，如图6-37所示，箱中设置了3个水位检测元件 $A$、$B$、$C$。水面低于检测元件时，检测元件给出高电平；水面高于检测元件时，检测元件给出低电平。现要求当水位超过 $A$ 点时水泵停止工作；水位低于 $A$ 点而高于 $B$ 点时 $M_S$ 单独工作；水位低于 $B$ 点而高于 $C$ 点时 $M_L$ 单独工作；水位低于 $C$ 点时 $M_L$ 和 $M_S$ 同时工作。试用门电路设计一个控制两台水泵的逻辑电路，要求电路尽量简单。

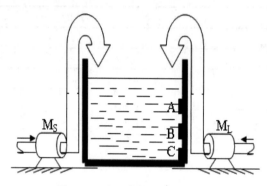

图6-37 水泵供水控制示意图

具体设计步骤可以参照技能训练6-2，在此不再详述。参考电路图如图6-38所示。

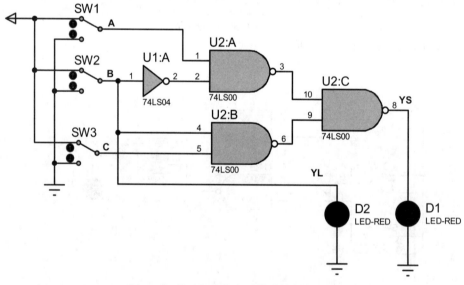

图6-38 基于与非门水泵供水控制电路图

### 关键知识点小结

1．数字电路的输入变量和输出变量之间的关系可以用逻辑代数来描述。最基本的逻辑运算是与逻辑运算、或逻辑运算、非逻辑运算，由它们可以构成逻辑函数。

2．数字电路的基本单元为逻辑门电路，常用门电路有与门、或门、非门、与非门、或非门、与或非门、异或门等。

3．逻辑函数有五种表示方法：真值表、逻辑图、函数式、时序图和卡诺图，五种方法间可以互相转换。

4．逻辑代数三种基本逻辑运算、基本公式、规则及常用公式是化简逻辑函数的数学工具。

5．逻辑函数化简主要有两种方法：公式法、图形法。公式法简捷，但要熟记方法、熟练方法。卡诺图法直观、易操作，但对五变量以上的逻辑函数不宜采用，而且采用不同的方法和圈法，所得化简结果也不同。

6．逻辑电路按其功能的不同，可以把数字电路分成两大类，一类是组合逻辑电路，简称组合电路；另一类是时序逻辑电路，简称时序电路。组合逻辑电路的特点是电路在任意时刻的输出状态只取决于该时刻的输入状态，而与该时刻之前的电路状态无关。

### 问题与讨论

6-1　写出如图 6-39 所示逻辑图的逻辑表达式并化简。

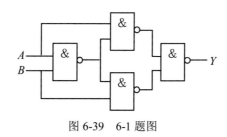

图 6-39　6-1 题图

6-2　用公式法化简下列逻辑函数为最简与或式。

（1）$Y = A(\overline{A} + B) + B(B + C) + B$

（2）$Y = (\overline{A}B + A\overline{B})(AB + \overline{A}\overline{B})$

（3）$Y = A + \overline{\overline{B} + \overline{CD}} + \overline{\overline{ADB}}$

（4）$Y = AD + BC\overline{D} + (\overline{A} + \overline{B})C$

（5）$Y = \overline{AB} + AC + \overline{B}C$

6-3  用卡诺图法化简下列函数。

（1）$Y = B\overline{C} + \overline{ABC} + A\overline{C} + \overline{A}BC$

（2）$Y = ABC + \overline{A}B + \overline{B}C$

（3）$Y = A\overline{BC} + AC + \overline{A}BC + B\overline{CD}$

（4）$Y = \overline{A}C + A\overline{C} + \overline{B}C + B\overline{C}$

6-4  在逻辑电路中有哪三种基本逻辑门？有哪三种基本逻辑运算？

6-5  逻辑门有多少种？试画出各种逻辑门电路的逻辑符号并写出输出逻辑表达式。

6-6  组合逻辑电路有什么特点？分析方法是什么？

6-7  组合逻辑电路设计的基本步骤是哪些？

6-8  试设计一组合逻辑电路，它有三个输入端和一个输出端，任意两个输入为"1"时输出为"1"，否则输出为"0"。

6-9  设计一个监视交通信号灯工作状态的逻辑电路。

每一组信号灯由红、黄、绿三盏灯组成，如图 6-40 所示。正常工作情况下，任何时刻必有一盏灯点亮，而且只允许有一盏灯点亮。而当出现其他五种点亮状态时，电路发生故障，这时要求发出故障信号，以提醒维护人员前去修理（要求用"与或非"门及"非"门实现这个逻辑电路）。

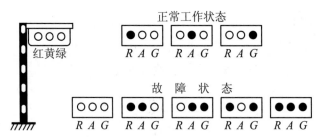

图 6-40  交通信号灯的正常工作状态与故障状态

# 7 数码显示电路设计与实现

## 7.1　工作模块 14　0–9 数码显示电路

　　采用驱动共阴极数码管的 74LS48 四线－七段译码器，实现将 8421BCD 码转化十进制 0-9 十个数字，同时在数码管上显示。

### 7.1.1 用 Proteus 设计 0-9 数码显示器

1. 基于共阴数码管的 0-9 显示电路

运行 Proteus 软件，新建"0-9 数码显示电路"设计文件。按照图 7-1 所示，放置并编辑单刀双掷开关 SW-SPDT、四线－七段译码器 74LS48、电阻 RES、7 段共阴数码管 7-SEG-COM-CAT-GRN 等元器件。设计 0-9 数码显示电路后，进行电气规则检测。

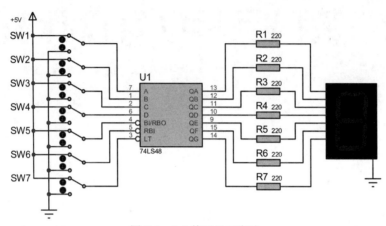

图 7-1　0-9 数码显示电路

2. 0-9 数码显示器电路仿真运行调试

（1）运行 Proteus 软件，打开"0-9 数码显示电路"。

（2）单击工具栏的"运行"按钮 ，全速运行仿真。开关 SW4、SW5 置于低电平，其他开关闭合，相当于译码器输入 DCBA 为 0011，通过译码器译码输出为 3。仿真运行结果如图 7-2 所示。

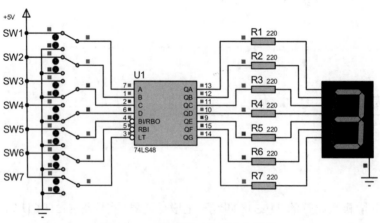

图 7-2　0-9 数码显示电路仿真结果

### 7.1.2 认识数码显示译码器与数码管

数码显示译码器与数码管结合在一起可以实现将输入的 BCD 码转化为十进制并显示出来，在数字系统中应用得非常广泛。

#### 1. 四线－七段译码器 74LS48

74LS48 芯片是一种常用的七段数码管译码器，译码器是可以将输入的二进制代码的状态翻译成输出信号，以表示其原来含义的电路。常用在各种数字电路和单片机系统的显示系统中。74LS48 引脚如图 7-3 所示。

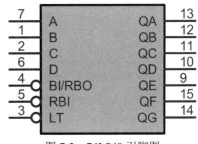

图 7-3　74LS48 引脚图

（1）74LS48 引脚功能

1）$D \sim A$：输入端

2）$QA \sim QG$：输出端

3）$\overline{LT}$ 是灯测试输入端（低电平有效）

4）$\overline{RBI}$ 是灭零输入端（低电平有效）

5）$\overline{BI}/\overline{RBO}$ 是灭零输出端（低电平有效）

（2）74LS48 功能表

根据工作模块 14 所示电路，改变输入端 $DCBA$ 状态，可以得到 74LS48 输出端 $QA \sim QG$ 的逻辑电平，具体逻辑功能如表 7-1 所示。

表 7-1　7 段数码译码器显示器的真值表

| 输入 | | | | 输出 | | | | | | | 显示 十进制 |
|---|---|---|---|---|---|---|---|---|---|---|---|
| D | C | B | A | QA | QB | QC | QD | QE | QF | QG | |
| 0 | 0 | 0 | 0 | 1 | 1 | 1 | 1 | 1 | 1 | 0 | 0 |
| 0 | 0 | 0 | 1 | 0 | 1 | 1 | 0 | 0 | 0 | 0 | 1 |
| 0 | 0 | 1 | 0 | 1 | 1 | 0 | 1 | 1 | 0 | 1 | 2 |
| 0 | 0 | 1 | 1 | 1 | 1 | 1 | 1 | 0 | 0 | 1 | 3 |
| 0 | 1 | 0 | 0 | 0 | 1 | 1 | 0 | 0 | 1 | 1 | 4 |
| 0 | 1 | 0 | 1 | 1 | 0 | 1 | 1 | 0 | 1 | 1 | 5 |
| 0 | 1 | 1 | 0 | 1 | 0 | 1 | 1 | 1 | 1 | 1 | 6 |
| 0 | 1 | 1 | 1 | 1 | 1 | 1 | 0 | 0 | 0 | 0 | 7 |
| 1 | 0 | 0 | 0 | 1 | 1 | 1 | 1 | 1 | 1 | 1 | 8 |
| 1 | 0 | 0 | 1 | 1 | 1 | 1 | 1 | 0 | 1 | 1 | 9 |

74LS48 还有一些辅助控制端：

1）$\overline{LT}$ 是灯测试输入端，用来检测显示管是否正常工作，如烧坏、管座接触不良等。当 $\overline{LT}=0$

时，不论输入何种数码，显示管各段应全亮，否则说明显示管有故障。正常运用时，$\overline{LT}$ 应处于高电平或悬空不接。

2）$\overline{RBI}$ 是灭零输入端，目的是把数据中不希望显示的零灭掉。当 $\overline{RBI}=0$，$\overline{LT}=1$ 时，输出端将灭掉高位或小数点后多余的零，使显示的数据简洁、醒目。

3）$\overline{BI}/\overline{RBO}$ 是灭零输出端，是控制低位灭零信号的，当 $\overline{RBO}=0$，将此信号作用于低位的 $\overline{RBI}$，如低位为 0 时，亦将灭零。反之，若 $\overline{RBO}=1$ 说明本位处于显示状态，不允许低位灭零。

2. 数码管

LED 数码管也称半导体数码管，它是将若干发光二极管按一定图形排列并封装在一起的最常用的数码显示器件之一。LED 数码管具有发光显示清晰、响应速度快、耗电省、体积小、寿命长、耐冲击、易与各种驱动电路连接等优点，在各种数显仪器仪表、数字控制设备中得到广泛应用。

（1）数码管的结构和工作原理

单个 LED 数码管的管脚结构如图 7-4（a）所示。数码管内部由八个发光二极管（简称位段）组成，其中有七个条形发光二极管和一个小圆点发光二极管，当发光二极管导通时，相应的线段或点发光，将这些二极管排成一定图形，常用来显示数字 0-9、字符 A～F、H、L、P、R、U、Y、符号"一"及小数点"."等。LED 数码管可以分为共阴极和共阳极两种结构。

1）共阴极结构。如图 7-4（b）所示，是把所有发光二极管的阴极作为公共端（com）连起来，接低电平，通常接地，通过控制每一只发光二极管的阳极电平来使其发光或熄灭，阳极为高电平发光二极管发光，为低电平熄灭。如显示数字 0 时，a、b、c、d、e、f 端接高电平，其他各端接地。

2）共阳极结构。如图 7-4（c）所示，是把所有发光二极管的阳极作为公共端（com）连起来，接高电平（如+5V），通过控制每一只发光二极管的阴极电平来使其发光或熄灭，阴极为低电平发光二极管发光，为高电平熄灭。

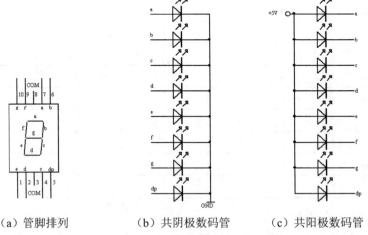

（a）管脚排列　　　　（b）共阴极数码管　　　　（c）共阳极数码管

图 7-4　LED 数码管引脚及内部结构

必须注意的是，数码管内部没有电阻，在使用时需外接限流电阻，如果不限流将造成发光二极管的烧毁。限流电阻的取值一般使流经发光二极管的电流在 10～20mA，由于高亮度数码管的使用，电流还可以取得小一些。

（2）数码管选用

图 7-1 电路中，如果采用共阴极 LED 显示器件时，应将高电平接至显示器各段 LED 的阳极，故使用输出为高电平（有效电平）的数码显示译码器（74LS48）；如果采用共阳极 LED 显示器件时，应将低电平接至显示器各段 LED 的阴极，故使用输出为低电平（有效电平）的数码显示译码器。

（3）数码管工作过程

图 7-1 电路中，由于 74LS48 驱动共阴极数码管，各发光二极管 a～g 为高电平时二极管导通发光。例如，当 $QA～QG$ 输出为 1111001，点亮数码管内对应 a、b、c、d、g 五个发光二极管，才能显示出十进制 3。对于二进制代码 1010-1111 译码显示五个不正常的符号，或完全不发光，以表示输入错误的 BCD 码，因而该译码器具有识别伪码的能力。

**【技能训练 7-1】　共阳极 7 段数码管显示电路设计**

1. 共阳极 7 段数码管显示电路设计

运行 Proteus 软件，新建"共阳极 7 段数码管显示电路"设计文件。按照图 7-5 所示，放置并编辑单刀双掷开关 SW-SPDT、四线−七段译码器 74LS247、电阻 RES、7 段共阳极数码管 7-SEG-COM-ANODE 等元器件。设计共阳极 7 段数码管显示电路后，进行电气规则检测。

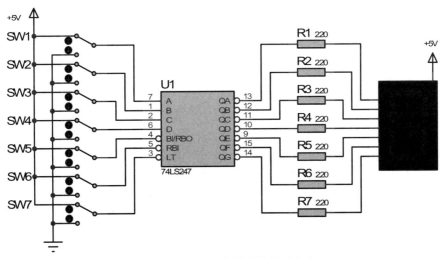

图 7-5　共阳极 7 段数码管显示电路

2. 共阳极 7 段数码管显示电路仿真运行

（1）运行 Proteus 软件，打开"共阳极 7 段数码管显示电路"。

（2）全速运行仿真。单击工具栏的"运行"按钮▶，断开开关 SW4，其他开关闭合，相当于译码器输入 DCBA 为 0111，通过译码器译码输出为 7。仿真运行结果如图 7-6 所示。

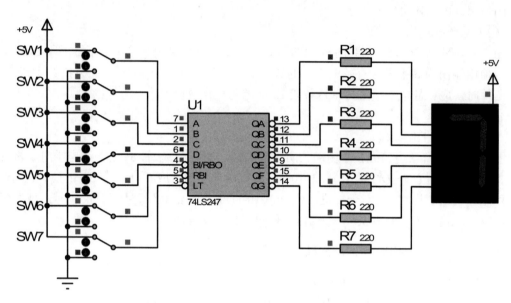

图 7-6　共阳极 7 段数码管显示电路仿真结果

## 【知识拓展 7-1】　数制与码制

### 1. 数制

在前面我们已经介绍了一种最基本、最常用的数制"二进制"，下面再介绍一下其他常用的进制及它们之间的相互转换。

（1）十进制数

十进制是我们最熟悉的计数制。它用 0-9 十个数字表示，以一定的规律排列起来表示数值的大小。相邻位之间，低位逢十向高位进一，即为十进制。

（2）八进制数

如果将一个十进制数变换为二进制数，不仅位数多，难以记忆，且不便书写，易出错。因而在数字系统中，常用与二进制有对应关系的八进制或十六进制。

八进制是用 0-7 八个数字表示，各相邻位之间，低位逢八向高位进一。

（3）十六进制数

十六进制数是用 0-9、A～F 十六个数字和字母表示，各相邻位之间，低位逢十六向高位进一。

几种常用进制及对应关系如表 7-2 所示。

表 7-2　几种常用进制及对应关系

| 十进制 | 二进制 | 八进制 | 十六进制 |
|---|---|---|---|
| 0 | 0000 | 0 | 0 |
| 1 | 0001 | 1 | 1 |
| 2 | 0010 | 2 | 2 |
| 3 | 0011 | 3 | 3 |
| 4 | 0100 | 4 | 4 |
| 5 | 0101 | 5 | 5 |
| 6 | 0110 | 6 | 6 |
| 7 | 0111 | 7 | 7 |
| 8 | 1000 | 8 | 8 |
| 9 | 1001 | 9 | 9 |
| 10 | 1010 | 10 | A |
| 11 | 1011 | 11 | B |
| 12 | 1100 | 12 | C |
| 13 | 1101 | 13 | D |
| 14 | 1110 | 14 | E |
| 15 | 1111 | 15 | F |

2. 不同数制间的相互转换

（1）十进制数转换为二进制数、八进制数、十六进制数

将十进制整数转换为其他进制数一般采用除基取余法，将十进制小数转换为其他进制数一般采用乘基取整法。具体方法：

1）整数部分转换

先将十进制整数连续除以 $N$ 进制的基数 $N$，取得各次的余数；再将先得到的余数列在低位，后得到的余数列在高位，即得 $N$ 进制的整数。

2）小数部分转换

先将十进制小数连续乘以 $N$ 进制的基数 $N$，求得各次乘积的整数部分；再将其转换为 $N$ 进制的数字符号，先得到的整数列在高位，后得到的整数列在低位，即得到 $N$ 进制的小数。

例如，将十进制数（342.6875）$_{10}$ 分别转换为二进制数、八进制数、十六进制数。

整数部分转换

$$（342）_{10}=（101010110）_2=（526）_8=（156）_{16}$$

小数部分转换

$$（0.6875）_{10}=（0.1011）_2=（0.54）_8=（0.B）_{16}$$

所以

$$（342.6875）_{10}=（101010110.1011）_{2}=（526.54）_{8}=（156.B）_{16}$$

（2）二进制数、八进制数、十六进制数转换为十进制数

具体方法是将二进制、八进制、十六进数按权展开，然后求各位数值之和即可得到相应的十进制数。

例如，分别将（1001111）$_{2}$、（246）$_{8}$、（8E）$_{16}$转换为十进制数。

二进制数转换为十进制数：

$$（1001111）_{2}=1×2^{6}+0×2^{5}+0×2^{4}+1×2^{3}+1×2^{2}+1×2^{1}+1×2^{0}=（47）_{10}$$

八进制数转换为十进制数：

$$（246）_{8}=2×8^{2}+4×8^{1}+6×8^{0}=（166）_{10}$$

十六进制数转换为十进制数：

$$（8E）_{16}=8×16^{1}+14×16^{0}=（144）_{10}$$

### 3. 码制

码制是指利用二进制代码表示数字或符号的编码规则。在数字系统中，各种数据、信息、文档、符号等，都必须转换成二进制数字符号来表示，这个过程称为编码。这些特定的二进制数字符号称为二进制代码。用四位二进制代码表示一位十进制数的编码方法，称为二－十进制代码，或称 BCD 码。BCD 码有多种形式，常用的有 8421 码、5421 码、2421 码、余 3 码，如表 7-3 所示。

表 7-3　几种常用的 BCD 码

| BCD 码制 | 8421 码 | 5421 码 | 2421（A）码 | 2421（B）码 | 余 3 码 |
|---|---|---|---|---|---|
| 1 | 0000 | 0000 | 0000 | 0000 | 0011 |
| 2 | 0001 | 0001 | 0001 | 0001 | 0100 |
| 3 | 0010 | 0100 | 0010 | 0010 | 0101 |
| 4 | 0011 | 0101 | 0011 | 0011 | 0110 |
| 5 | 0100 | 0111 | 0100 | 0100 | 0111 |
| 6 | 0101 | 1000 | 0101 | 1011 | 1000 |
| 7 | 0110 | 1001 | 0110 | 1100 | 1001 |
| 8 | 0111 | 1100 | 0111 | 1110 | 1010 |
| 9 | 1000 | 1101 | 1111 | 1111 | 1011 |
| 权 | 8421 | 5421 | 2421 | 2421 | |

（1）8421 码

8421 码是恒权代码，是用四位二进制代码表示一位十进制数，从高位到低位各位的权分别为 8、4、2、1，即 $2^{3}$、$2^{2}$、$2^{1}$、$2^{0}$。它们代表的值为 $M=K_{3}×2^{3}+K_{2}×2^{2}+K_{1}×2^{1}+K_{0}×2^{0}$，与

普通四位二进制数权值相同。但在 8421 码中只利用了四位二进制数 0000-1111 十六种组合的前十种 0000-1001，分别表示 0-9 十个数码，其余 6 种组合 1010-1111 是无效的。8421 码与十进制间直接按位转换。

（2）格雷码

格雷码又称循环码，是无权码。它有多种编码形式，但有一个特点：相邻两个代码之间仅有一位不同，且以中间为对称的两个代码也只有一位不同。当计数状态按格雷码递增或递减时，每次状态更新仅有一位代码变化，减少了出错的可能性。实际应用中很有意义。表 7-4 所示为四位循环码编码表。

表 7-4 四位循环码编码表

| 十进制 | 循环码 | 十进制 | 循环码 |
| --- | --- | --- | --- |
| 0 | 0000 | 8 | 1100 |
| 1 | 0001 | 9 | 1101 |
| 2 | 0011 | 10 | 1111 |
| 3 | 0010 | 11 | 1110 |
| 4 | 0110 | 12 | 1010 |
| 5 | 0111 | 13 | 1011 |
| 6 | 0101 | 14 | 1001 |
| 7 | 0100 | 15 | 1000 |

# 7.2 工作模块 15 0-9 按键数码显示电路

 工作任务

采用编码器 74LS147 和驱动共阳极数码管的 74LS247 四线－七段译码器，实现在数码管上显示按键值。按下按键 SW1～SW9 分别显示数字 1-9。

## 7.2.1 用 Proteus 设计 0–9 按键数码显示器

1. 0-9 按键数码显示电路设计

运行 Proteus 软件，新建"0-9 按键数码显示电路"设计文件。按照图 7-7 所示，放置并编辑单刀双掷开关 SW-SPDT、编码器 74LS147、四线－七段译码器 74LS247、电阻 RES、7 段共阳极数码管 7-SEG-COM-ANODE 等元器件。设计 0-9 按键数码显示电路后，进行电气规则检测。

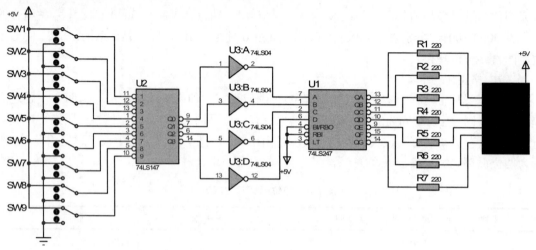

图 7-7　0-9 按键数码显示电路

2. 0-9 按键数码显示电路仿真运行调试

（1）运行 Proteus 软件，打开"0-9 按键数码显示电路"。

（2）全速运行仿真。单击工具栏的"运行"按钮 ▶，按下按键开关 SW2，通过译码器译码输出显示为 2。仿真运行结果如图 7-8 所示。

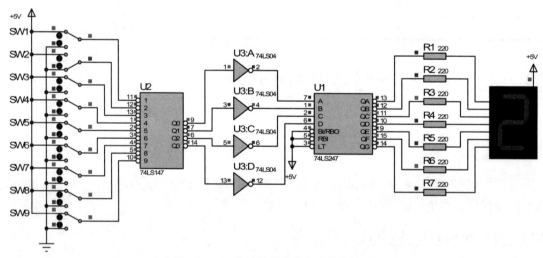

图 7-8　0-9 按键数码显示电路仿真结果

### 7.2.2　认识 74LS147 和 74LS247

1. 74LS147 集成编码器

下面以 74LS147 集成编码器为例介绍二－十进制优先编码器，引脚如图 7-9 所示。

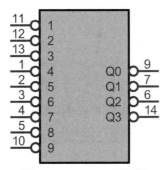

图 7-9　74LS147 引脚图

74LS147 真值表，如表 7-5 所示，根据真值表可知，其有 $\overline{I_1} \sim \overline{I_9}$ 共 9 个输入端，分别代表十进制的 1-9，且 $\overline{I_9}$ 优先级最高，$\overline{I_0}$ 最低，输入是以低电平有效。$\overline{Y_3} \sim \overline{Y_0}$ 表示输出端，其中 $\overline{Y_3}$ 为最高位，$\overline{Y_0}$ 为最低位，输出端以反码输出，或理解成以低电平有效输出。

表 7-5　74LS147 的真值表

| 输入 | | | | | | | | | 输出 | | | |
|---|---|---|---|---|---|---|---|---|---|---|---|---|
| $\overline{I_1}$ | $\overline{I_2}$ | $\overline{I_3}$ | $\overline{I_4}$ | $\overline{I_5}$ | $\overline{I_6}$ | $\overline{I_7}$ | $\overline{I_8}$ | $\overline{I_9}$ | $\overline{Y_3}$ | $\overline{Y_2}$ | $\overline{Y_1}$ | $\overline{Y_0}$ |
| 1 | 1 | 1 | 1 | 1 | 1 | 1 | 1 | 1 | 1 | 1 | 1 | 1 |
| × | × | × | × | × | × | × | × | 0 | 0 | 1 | 1 | 0 |
| × | × | × | × | × | × | × | 0 | 1 | 0 | 1 | 1 | 1 |
| × | × | × | × | × | × | 0 | 1 | 1 | 1 | 0 | 0 | 0 |
| × | × | × | × | × | 0 | 1 | 1 | 1 | 1 | 0 | 0 | 1 |
| × | × | × | × | 0 | 1 | 1 | 1 | 1 | 1 | 0 | 1 | 0 |
| × | × | × | 0 | 1 | 1 | 1 | 1 | 1 | 1 | 0 | 1 | 1 |
| × | × | 0 | 1 | 1 | 1 | 1 | 1 | 1 | 1 | 1 | 0 | 0 |
| × | 0 | 1 | 1 | 1 | 1 | 1 | 1 | 1 | 1 | 1 | 0 | 1 |
| 0 | 1 | 1 | 1 | 1 | 1 | 1 | 1 | 1 | 1 | 1 | 1 | 0 |

由表 7-5 可以看出，这种编码器中没有 $\overline{I_0}$ 线，这是因为 $\overline{I_0}$ 信号的编码，同其他各输入线均为无效信号输入是等效的，故在电路中省去了 $\overline{I_0}$ 编码电路。

2. 74LS247 七段显示译码器

74LS247 七段显示译码器的功能是把 8421 二—十进制代码译成对应于数码管的七个字段信号，驱动数码管显示出相应的十进制数码。引脚如图 7-10 所示。

74LS247 真值表，如表 7-6 所示，其有 $D \sim A$ 共 4 个输入端，且 $D$ 为高位输入端。输出端 $QA \sim QG$ 以低电平有效输出。

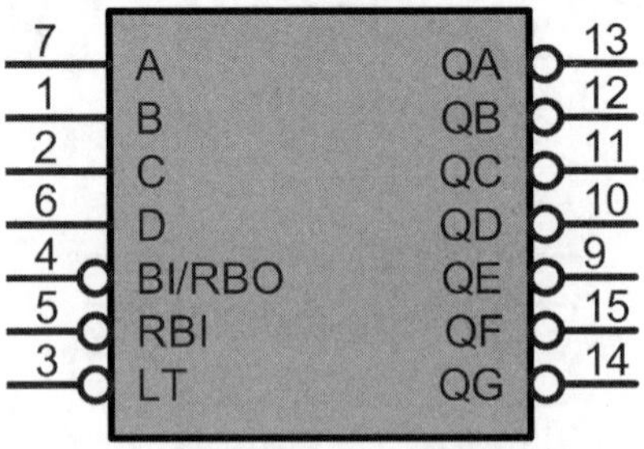

图 7-10　74LS247 引脚图

表 7-6　74LS247 七段显示译码器的状态表

| 输入 | | | | 输出 | | | | | | | 显示 十进制 |
|---|---|---|---|---|---|---|---|---|---|---|---|
| $A_3$ | $A_2$ | $A_1$ | $A_0$ | $a$ | $b$ | $c$ | $d$ | $e$ | $f$ | $g$ | |
| 0 | 0 | 0 | 0 | 0 | 0 | 0 | 0 | 0 | 0 | 1 | 0 |
| 0 | 0 | 0 | 1 | 1 | 0 | 0 | 1 | 1 | 1 | 1 | 1 |
| 0 | 0 | 1 | 0 | 0 | 0 | 1 | 0 | 0 | 1 | 0 | 2 |
| 0 | 0 | 1 | 1 | 0 | 0 | 0 | 0 | 1 | 1 | 0 | 3 |
| 0 | 1 | 0 | 0 | 1 | 0 | 0 | 1 | 1 | 0 | 0 | 4 |
| 0 | 1 | 0 | 1 | 0 | 1 | 0 | 0 | 1 | 0 | 0 | 5 |
| 0 | 1 | 1 | 0 | 0 | 1 | 0 | 0 | 0 | 0 | 0 | 6 |
| 0 | 1 | 1 | 1 | 0 | 0 | 0 | 1 | 1 | 1 | 1 | 7 |
| 1 | 0 | 0 | 0 | 0 | 0 | 0 | 0 | 0 | 0 | 0 | 8 |
| 1 | 0 | 0 | 1 | 0 | 0 | 0 | 1 | 1 | 0 | 0 | 9 |

74LS247 还有三个辅助功能控制端：

（1）$\overline{LT}$：试灯输入端，当 $BI = 0$，$\overline{LT} = 0$ 时，数码管显示 8。

（2）$\overline{BI}/\overline{RBO}$：灭灯输入端，当它等于零时，数码管各段均熄灭。

（3）$\overline{RBI}$：灭零输入端，当 $\overline{BI}/\overline{RBO} = 1$，$\overline{LT} = 1$，$\overline{RBI} = 0$，只有当 $D \sim A$ 均为零时，数码管各段均熄灭。用来消除无效 0。

74LS247 译码器接共阳极数码管，与数码管的连接电路，如图 7-7 所示。

【技能训练 7–2】　7 段数码管的识别与检测

1. 数码管的识别

LED 数码管种类很多，品种五花八门，这里仅介绍最常用的小型"8"字形 LED 数码管的识别与使用方法。

（1）数码管分类

按照显示位数（即全部数字字符个数）划分，有 1 位、2 位、3 位、4 位、5 位、6 位……数码管，如图 7-11 所示。

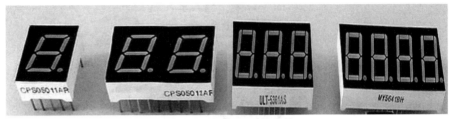

图 7-11　小型 LED 数码管

按照内部发光二极管连接方式不同划分，有共阴极数码管和共阳极数码管两种。

按字符颜色不同划分，有红色、绿色、黄色、橙色、蓝色、白色等数码管。

按显示亮度不同划分，有普通亮度数码管和高亮度数码管；按显示字形不同，可分为数字管和符号管。

（2）数码管引脚识别

小型 LED 数码管的引脚排序规则如图 7-12 所示。即：正对着产品的显示面，将引脚面朝向杂志，从左上角（左、右双排列引脚）或左下角（上、下双排列引脚）开始，按逆时针（即图中箭头）方向计数，依次为 1、2、3、4 脚……如果翻转过来从背面看（比如在印制电路板的焊接面上看），即引脚面正对着自己、显示面朝向杂志，则应按顺时针方向计数。可见，这跟普通集成电路是一致的。

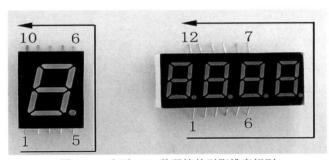

图 7-12　小型 LED 数码管的引脚排序规则

**2．LED 数码管简易测试方法**

（1）干电池检测法。

如图 7-13 所示，取两节普通 1.5V 干电池串联（3V）起来，并串联一个 100 Ω、1/8W 的限流电阻器，以防止过电流烧坏被测 LED 数码管。将 3V 干电池的负极引线（两根引线均可接上小号鳄鱼夹）接在被测数码管的公共阴极上，正极引线依次移动接触各笔段电极（a～h

脚）。当正极引线接触到某一笔段电极时，对应笔段就发光显示。若检测共阳极数码管，只需将电池的正、负极引线对调一下，方法同上。

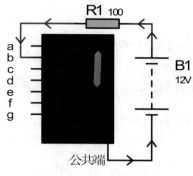

图 7-13　干电池检测法

（2）万用表检测法。

这里以 MF50 型指针式万用表为例，具体检测方法如下：

1）将指针式万用表拨至"R×10k"电阻挡。

2）为共阴极数码管时，万用表红表笔（注意：红表笔接表内电池负极、黑表笔接表内电池正极）应接数码管的"-"公共端，黑表笔则分别去接各笔段电极（a~h 脚）。正常情况下，万用表的指针应该偏转（一般示数在 100kΩ 以内），说明对应笔段的发光二极管导通，同时对应笔段会发光；若测到某个管脚时，万用表指针不偏转，所对应的笔段也不发光，则说明被测笔段的发光二极管已经开路损坏。

注意：对于共阳极的数码管，黑表笔应接数码管的"+"公共端，红表笔则分别去接 a~h 脚。

3．LED 数码管使用常识

（1）LED 数码管一般要通过专门的译码驱动电路，才能正常显示字符。由于 LED 数码管的品种和类型繁多，所以在实际使用时应注意根据电路的不同选择不同类型的管子。

例如，共阴极的 LED 数码管，只能接入输出为高电平的译码驱动电路；共阳极的 LED 数码管，只能接入输出为低电平的译码驱动电路。动态扫描显示电路的输出端，只能接多位动态 LED 数码管。

（2）各厂家或同一厂家生产的不同型号的 LED 数码管，即使封装尺寸完全相同，其性能和引脚排列亦有可能大相径庭。反过来，功能和引脚排列相同的 LED 数码管，外形尺寸往往有大有小。所以，在选用或代换 LED 数码管时，只能以它的型号为根据。

（3）LED 数码管属于电流控制型器件，它的发光亮度与工作电流成正比。

实际使用时，每段笔划的工作电流取 5~15mA（指普通小型管），这样既可保证亮度适中，延长使用寿命，又不会损坏数码管。

如果在大电流下长期使用，容易使数码管亮度衰退，降低使用寿命，过大的电流（指超过内部发光二极管所允许的极限值）还会烧毁数码管。为了防止过大电流烧坏数码管，在电路中使用时一定要注意给它串联上合适的限流电阻器。

（4）使用 LED 数码管时必须注意区分普通亮度数码管和高亮度数码管。

通常情况下，用高亮度数码管可以代换现有设备上的普通亮度数码管，但反过来不能用普通亮度数码管代换高亮度数码管。这是因为普通亮度数码管的发光强度 IV≥0.15mcd（毫坎），而高亮度数码管的发光强度 IV≥5mcd，两者相差悬殊，并且普通亮度数码管每个笔段的工作电流≥5mA，而高亮度数码管在大约 1mA 的工作电流下即可发光。

（5）在挑选国产 BS××× 系列 LED 数码管时，应注意产品型号标注的末位编号，以便与译码驱动电路等相匹配。

通常产品末位数字是偶数的，为共阳极数码管，如 BS206、BS244 等；若产品末位数字是奇数，则为共阴极数码管，如 BS205、BS325 等。但也有个别产品例外，应注意区分。型号后缀字母 "R"，表示发红光；后缀字母 "G"，表示发绿光；后缀字母 "OR"，表示发橙光。

（6）小型 LED 数码管为一次性产品，即使其中一个笔段的发光二极管在使用中损坏，也只能更换新管。

（7）LED 数码管的显示面在出厂时贴有保护膜，在使用时可以撕下来。不要用尖硬物去碰触显示面，以免造成划痕等物理损伤，影响显示效果。

焊接小型 LED 数码管宜用 20W 左右的小功率电烙铁，焊接时间一般不要超过 3s，以免烫坏器件本身或线路板。

# 7.3　【知识拓展 7–2】　认识 74LS138 和 74LS42

显示译码器前面已详细叙述过，下面主要讲下二进制译码器和二－十进制译码器。

### 1. 三线－八段译码器 74LS138

下面以图 7-14 为例，介绍常用的 74LS138 二进制译码器，二进制译码器有 $n$ 个输入端（即 $n$ 位二进制码），$2^n$ 个输出线。74LS138 有 3 个输入端，对应有 8 个输出端，故称为三线－八段译码器。74LS138 引脚，如图 7-14 所示。

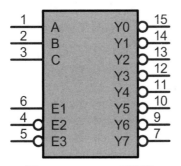

图 7-14　74LS138 引脚图

（1）74LS138 引脚功能

1）$C \sim A$：输入端；

2）$Y7 \sim Y0$：输出端（低电平有效）；

3）$E1$、$E2$、$E3$ 是使能端（$E1$ 高电平有效、$E2$、$E3$ 均为低电平有效）。

（2）74LS138 功能

74LS138 的真值表如表 7-7 所示，74LS138 集成译码器的逻辑功能，有如下特点：

1）其中 $A_2 \sim A_0$ 代表输入端，输入三位二进制代码且高电平为有效输入信号；

2）$\overline{Y_7} \sim \overline{Y_0}$ 代表 8 个输出端，分别表示十进制 8 个数字信号 7-0，低电平为有效输出信号，也被称为反码形式输出数字信号；

3）$S_1$、$\overline{S_2}$、$\overline{S_3}$ 为使能端，当 $S_1=1$，$\overline{S_2} + \overline{S_3} =0$ 时，编码器才能进行编码；否则，编码器停止编码。

表 7-7　74LS138 集成三线－八段译码器

| $S_1$ | $\overline{S_2} + \overline{S_3}$ | $A_2$ | $A_1$ | $A_0$ | $\overline{Y_0}$ | $\overline{Y_1}$ | $\overline{Y_2}$ | $\overline{Y_3}$ | $\overline{Y_4}$ | $\overline{Y_5}$ | $\overline{Y_6}$ | $\overline{Y_7}$ |
|---|---|---|---|---|---|---|---|---|---|---|---|---|
| 1 | 0 | 0 | 0 | 0 | 0 | 1 | 1 | 1 | 1 | 1 | 1 | 1 |
| 1 | 0 | 0 | 0 | 1 | 1 | 0 | 1 | 1 | 1 | 1 | 1 | 1 |
| 1 | 0 | 0 | 1 | 0 | 1 | 1 | 0 | 1 | 1 | 1 | 1 | 1 |
| 1 | 0 | 0 | 1 | 1 | 1 | 1 | 1 | 0 | 1 | 1 | 1 | 1 |
| 1 | 0 | 1 | 0 | 0 | 1 | 1 | 1 | 1 | 0 | 1 | 1 | 1 |
| 1 | 0 | 1 | 0 | 1 | 1 | 1 | 1 | 1 | 1 | 0 | 1 | 1 |
| 1 | 0 | 1 | 1 | 0 | 1 | 1 | 1 | 1 | 1 | 1 | 0 | 1 |
| 1 | 0 | 1 | 1 | 1 | 1 | 1 | 1 | 1 | 1 | 1 | 1 | 0 |
| 0 | × | × | × | × | 1 | 1 | 1 | 1 | 1 | 1 | 1 | 1 |
| × | 1 | × | × | × | 1 | 1 | 1 | 1 | 1 | 1 | 1 | 1 |

2. 四线－十段译码器 74LS42

下面以图 7-15 为例，介绍常用的二－十进制译码器 74LS42，由于 74LS42 用于同一个数据的不同代码之间的相互变换，又被称为码制变换译码器。例如，将 8421BCD 码转换为十进制码或将余 3 码转换为格雷码的译码器等。

（1）74LS42 引脚功能

1）$D \sim A$：输入端；

2）$Y9 \sim Y0$：输出端（低电平有效）。

（2）74LS42 功能

74LS42 的真值表如表 7-8 所示，其原理与 74LS138 译码器类同，只不过它有 4 个输入端，10 个输出端，输入端的 4 位输入代码共有 0000-1111 十六种状态组合。

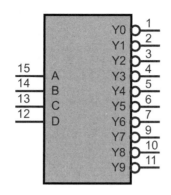

图 7-15　二-十进制译码器 74LS42

1）当输入 $DCBA$=0000 时，只有 $Y0$=0，其余均为 1，即 $Y0$ 输出低电平，它对应十进制数 0；

2）当输入 $DCBA$=0001 时，只有 $Y1$=0 时，其余均为 1，对应十进制数 1，其余依此类推。

其中，有 1010-1111 六个状态没有与其对应的输出端，当输入端 DCBA 的状态为 1010-1111 这六个状态中任何一个时，$Y9$~$Y0$ 的所有输出均为"1"，说明这六种代码对电路无效，我们称它为"伪码"。当伪码输入时，十个输出端均为"1"，即输出为无效状态。

表 7-8　二-十进制译码器 74LS42 的真值表

| $A_3$ | $A_2$ | $A_1$ | $A_0$ | $\overline{Y_0}$ | $\overline{Y_1}$ | $\overline{Y_2}$ | $\overline{Y_3}$ | $\overline{Y_4}$ | $\overline{Y_5}$ | $\overline{Y_6}$ | $\overline{Y_7}$ | $\overline{Y_8}$ | $\overline{Y_9}$ |
|---|---|---|---|---|---|---|---|---|---|---|---|---|---|
| 0 | 0 | 0 | 0 | 0 | 1 | 1 | 1 | 1 | 1 | 1 | 1 | 1 | 1 |
| 0 | 0 | 0 | 1 | 1 | 0 | 1 | 1 | 1 | 1 | 1 | 1 | 1 | 1 |
| 0 | 0 | 1 | 0 | 1 | 1 | 0 | 1 | 1 | 1 | 1 | 1 | 1 | 1 |
| 0 | 0 | 1 | 1 | 1 | 1 | 1 | 0 | 1 | 1 | 1 | 1 | 1 | 1 |
| 0 | 1 | 0 | 0 | 1 | 1 | 1 | 1 | 0 | 1 | 1 | 1 | 1 | 1 |
| 0 | 1 | 0 | 1 | 1 | 1 | 1 | 1 | 1 | 0 | 1 | 1 | 1 | 1 |
| 0 | 1 | 1 | 0 | 1 | 1 | 1 | 1 | 1 | 1 | 0 | 1 | 1 | 1 |
| 0 | 1 | 1 | 1 | 1 | 1 | 1 | 1 | 1 | 1 | 1 | 0 | 1 | 1 |
| 1 | 0 | 0 | 0 | 1 | 1 | 1 | 1 | 1 | 1 | 1 | 1 | 0 | 1 |
| 1 | 0 | 0 | 1 | 1 | 1 | 1 | 1 | 1 | 1 | 1 | 1 | 1 | 0 |

**关键知识点小结**

1. 数码显示译码器与数码管结合在一起可以实现将输入的 BCD 码转化为十进制并显示

出来，四线－七段译码器 74LS48 是一种常用的七段数码管译码器，译码器是可以将输入的二进制代码的状态翻译成输出信号，驱动数码管显示十进制数字。

2．单个 LED 数码管内部由八个发光二极管（简称位段）组成，其中有七个条形发光二极管和一个小圆点发光二极管，当发光二极管导通时，相应的线段或点发光，将这些二极管排成一定图形，常用来显示数字 0-9、字符 A～F、H、L、P、R、U、Y、符号"－"及小数点"."等。LED 数码管可以分为共阴极和共阳极两种结构。

3．码制是指利用用二进制代码表示数字或符号的编码规则。在数字系统中，各种数据、信息、文档、符号等，都必须转换成二进制数字符号来表示，这个过程称为编码。这些特定的二进制数字符号称为二进制代码。用四位二进制代码表示一位十进制数的编码方法，称为二－十进制代码，或称 BCD 码。BCD 码有多种形式，常用的有 8421 码、2421 码、5421 码、余 3 码。

4．数码管选用，如果采用共阴极 LED 显示器件时，应将高电平接至显示器各段 LED 的阳极，故使用输出为高电平（有效电平）的数码显示译码器；如果采用共阳极 LED 显示器件时，应将低电平接至显示器各段 LED 的阴极，故使用输出为低电平（有效电平）的数码显示译码器。

5．二－十进制优先编码器 74LS147，其有 $\overline{I_1}$ ～$\overline{I_9}$ 共 9 个输入端，分别代表十进制的 1-9，且 $\overline{I_9}$ 优先级最高，$\overline{I_0}$ 最低，输入是以低电平有效。$\overline{Y_3}$ ～$\overline{Y_0}$ 表示输出端，其中 $\overline{Y_3}$ 为最高位，$\overline{Y_0}$ 为最低位，输出端以反码输出，或理解成以低电平有效输出。这种编码器中没有 $\overline{I_0}$ 线，这是因为 $\overline{I_0}$ 信号的编码，同其他各输入线均为无效信号输入是等效的，故在电路中省去了 $\overline{I_0}$ 编码电路。

6．七段显示译码器 74LS247 的功能是把 8421 二－十进制代码译成对应于数码管的七个字段信号，驱动数码管显示出相应的十进制数码。其有 $D$～$A$ 共 4 个输入端，且 $D$ 为高位输入端。输出端 $QA$～$QG$ 以低电平有效输出。74LS247 还有三个辅助功能控制端：$\overline{LT}$：试灯输入端，当 $BI = 0$，$\overline{LT} = 0$ 时，数码管显示 8；$\overline{BI}/\overline{RBO}$：灭灯输入端，当它等于零时，数码管各段均熄灭；$\overline{RBI}$：灭零输入端，当 $\overline{BI}/\overline{RBO} = 1$，$\overline{LT} = 1$，$\overline{RBI} = 0$，只有当 $D$～$A$ 均为零时，数码管各段均熄灭。用来消除无效 0。

## 问题与讨论

7-1　将下列各数转换为二进制数。
　　$(48)_{10}$　　　$(798)_{10}$　　　$(3DF)_{16}$　　　$(F3B)_{16}$　　　$(506)_8$　　　$(467)_8$

7-2　将下列二进制数转换为八进制数、十进制数、十六进制数。
　　$(11011001)_2$　　　　$(1011011)_2$

7-3　将下列十进制数转换为二进制、八进制、十六进制数。

$(3493)_{10}$　　　　　　$(467)_{10}$

7-4　什么叫编码？什么叫译码？编码和译码的关系如何？

7-5　设计一个编码器，把一位十进制数码编为余 3 循环码。

7-6　试设计一个译码器，将一位 8421BCD 码译出。

7-7　设计一个三变量的判奇电路（要求用译码器和与非门实现）。

7-8　某工厂有 A、B、C 三台设备，A、B 的功率均为 10W，C 的功率为 20W，这些设备由两台发电机供电，两台发电机的最大输出功率分别为 10W 和 30W，要求设计一个逻辑电路以最节约能源的方式启、停发电机，来控制三台设备的运转、停止（要求用译码器和与非门、与门实现）。

7-9　设计一个全加器（要求用译码器和与非门实现）。

7-10　用一片 4-16 线译码器 74LS154 和与非门设计能将二进制代码转换为格雷码的转换器。

# 8

# 优先抢答器设计与实现

## 8.1　工作模块 16　基于 RS 触发器的优先抢答器

　　使用与非门构成 RS 触发器，实现具有清零、保持、优先接收功能的抢答器。要求 RS 触

发器接收到抢答信号后送入与之对应门电路，指示灯优先点亮，当抢答信号消失后，指示灯能保持点亮状态，当主持人手动清零控制开关才能熄灭指示灯。

### 8.1.1　用 Proteus 设计优先抢答器

1. 基于 RS 触发器的三路优先抢答器设计

按照工作任务要求，三路优先抢答器由 RS 触发器、门电路和 LED 显示组成。三路优先抢答器如图 8-1 所示。RS 触发器由两个与非门输入、输出端交叉连接而成，输入端低电平有效，输出端能实现置数、清零、保持等功能；RS 触发器输出信号送入后续门电路，作为抢答信号的优先接收、保持和清零的基本电路；若有抢答信号输入（开关 S1～S3 中的任何一个开关被按下）时，与之对应的指示灯被点亮。S 为手动清零控制开关，S1～S3 为抢答按钮开关。

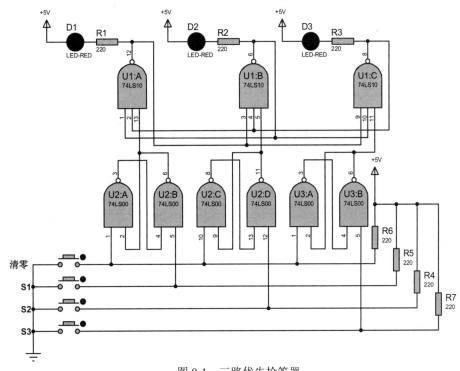

图 8-1　三路优先抢答器

运行 Proteus 软件，新建"基于 RS 触发器的三路优先抢答器"设计文件。按照图 8-1 所示，放置并编辑集成运放 74LS00、74LS10、RES、BUTTON、LED-RED 等元器件。设计基于 RS 触发器的三路优先抢答器后，进行电气规则检测。

2. 基于 RS 触发器的三路优先抢答器仿真运行调试

（1）运行 Proteus 软件，打开基于 RS 触发器的三路优先抢答器。

（2）首先闭合"清零"按键，单击工具栏的"运行"按钮，U1:A、U1:B、U1:C 输出均为高电平，三个指示灯均未工作；断开"清零"按键，74LS00 管脚 1、10 输入高电平，RS 触发器具有保持原状态不变功能，故三个指示灯不工作。

当有抢答信号输入（S1 被按下）74LS00 管脚 5 输入低电平，与之对应的 RS 触发器具有置数功能，即输出高电平，经过 U1:A 转换成低电平，与之对应的指示灯（D1）被点亮。仿真运行结果如图 8-2 所示。当抢答信号消失（S1 断开）74LS00 管脚 5 输入高电平，与之对应的 RS 触发器具有保持功能，与之对应的指示灯（D1）继续工作。此时再按其他任何一个抢答开关均无效，指示灯仍"保持"第一个开关按下时所对应的状态不变。

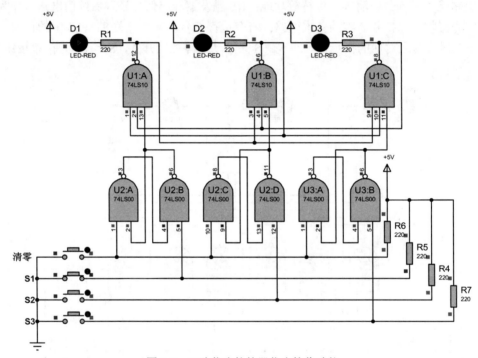

图 8-2　三路优先抢答器优先接收功能

（3）开关 S 作为总清零及允许抢答控制开关（可由主持人控制），当开关 S 被按下时抢答电路清零，松开后则允许抢答。

### 8.1.2　认识 RS 触发器

1．RS 触发器电路组成

把两个与非门的输入、输出端交叉连接，即可构成基本 RS 触发器，逻辑电路如图 8-3 所示。它有两个输入端 R、S 和两个输出端 Q、$\overline{Q}$。

2．RS 触发器功能表

RS 触发器功能表如表 8-1 所示。

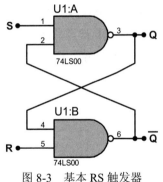

图 8-3　基本 RS 触发器

表 8-1　RS 触发器功能表

| 输入 | | 输出 | |
| --- | --- | --- | --- |
| R | S | Q | $\overline{Q}$ |
| 0 | 1 | 0 | 1 |
| 1 | 0 | 1 | 0 |
| 0 | 0 | 不定 | |
| 1 | 1 | 不变 | |

基本 RS 触发器的逻辑方程为：$Q^{n+1}=\overline{S}+R\times Q^{n}$

约束方程：$RS=0$

3. RS 触发器两种状态

正常工作时，触发器的 $Q$ 和 $\overline{Q}$ 应保持相反，因而触发器具有两个稳定状态：

（1）$Q=1$，$\overline{Q}=0$。通常将 $Q$ 端作为触发器的状态。若 $Q$ 端处于高电平，就说触发器是 1 状态；

（2）$Q=0$，$\overline{Q}=1$。$Q$ 端处于低电平，就说触发器是 0 状态；$Q$ 端称为触发器的原端或 1 端，$\overline{Q}$ 端称为触发器的非端或 0 端。

另外，当 $R=1$，$S=1$ 时，$Q$ 及 $\overline{Q}$ 保持原状态不变；当 $R=0$，$S=0$ 时，不论触发器的初始状态如何，如 $Q=\overline{Q}=1$，若 $R$、$S$ 同时由 0 变成 1，在两个门的性能完全一致的情况下，$Q$ 及 $\overline{Q}$ 哪一个为 1，哪一个为 0 是不定的，在应用时不允许 $R$ 和 $S$ 同时为 0。

【技能训练 8-1】　基于 RS 触发器双稳态去抖电路

RS 触发器一般用来抵抗开关的抖动，为了消除开关的接触抖动，可在机械开关与被驱动电路间接入一个基本 RS 触发器，如图 8-4 所示。

当 SW1 置于上端时，74LS00 管脚 1（$\overline{S}$）为 0，管脚 5（$\overline{R}$）为 1，可得管脚 3 输出为 1。

当 SW1 置于下端时，74LS00 管脚 1（$\overline{S}$）为 1，管脚 5（$\overline{R}$）为 0，可得管脚 3 输出为 0，

改变了输出端的状态。若由于机械开关的接触抖动，则 $\overline{R}$ 的状态会在 0 和 1 之间变化多次，若 $\overline{R}$=1，由于输出端为 0，因此 U1:B 门仍然是"有低出高"，不会影响输出的状态。同理，当松开按键时，$\overline{S}$ 端出现的接触抖动亦不会影响输出的状态。因此，图 8-4 所示电路，开关每按压一次，RS 触发器输出信号仅发生一次变化。

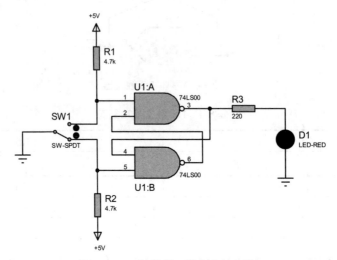

图 8-4   RS 触发器双稳态去抖电路

单片机电路中的防抖现在一般都用程序防抖而不用触发器这些硬件防抖了。

## 8.2   工作模块 17   基于 JK 触发器的优先抢答器

使用 3 个 JK 触发器，实现具有清零、保持、优先接收功能的抢答器。要求选手率先按下开关，与之对应指示灯优先点亮，获得抢答权。此后，其他选手再按下抢答器，其指示灯也不亮。之后，主持人将清零开关搬到低电平，电路异步清零，指示灯灭，进入下一轮抢答。当抢答信号消失后，指示灯能保持点亮状态，当主持人手动清零控制开关才能熄灭指示灯。

### 8.2.1   用 Proteus 设计优先抢答器

1. 基于 JK 触发器的优先抢答器设计

按照工作任务要求，优先抢答器由 JK 触发器、门电路和 LED 显示组成。优先抢答器如图 8-5 所示。改变 JK 触发器的 J、K 逻辑信号，可以实现清零、置数、保持等功能，异步输入端 R、S 输入有效逻辑信号，能强制 JK 触发器实现清零、置数功能，同时 *CLK*、*J*、*K* 对应的芯片内部的门电路均被封锁（对后续电路不起作用）。D1、D2、D3 三盏指示灯分别表示 SW1、SW2、SW3 输入抢答信号。主持人操作清零开关控制电路抢答和复位状态。

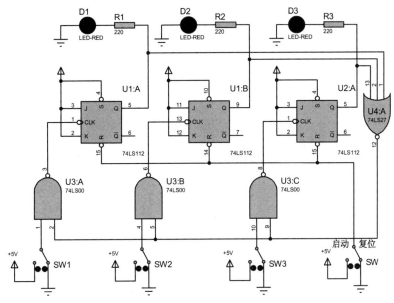

图 8-5　基于 JK 触发器的优先抢答器

运行 Proteus 软件，新建"基于 JK 触发器的优先抢答器"设计文件。按照图 8-5 所示，放置并编辑集成运放 74LS00、74LS112、74LS27、RES、SW-SPDT、LED-RED 等元器件。设计基于 JK 触发器的优先抢答器后，进行电气规则检测。

2. 基于 JK 触发器的优先抢答器仿真运行调试

（1）运行 Proteus 软件，打开基于 JK 触发器的优先抢答器。

（2）单击工具栏的"运行"按钮 ▶，SW 置于复位（清零）端，三个 JK 触发器的异步清零端均为低电平（低电平有效），JK 触发器强制清零，电路进入清零状态，此时 SW1、SW2、SW3 输入抢答信号均不能改变输出，因三个 JK 触发器的时钟输入端均被封锁在高电平。仿真运行电路如图 8-6 所示。

（3）SW 置于启动端，三个 JK 触发器的异步清零端均为高电平（低电平有效），JK 触发器进入计数状态，SW1 选手率先按下开关，将高电平（5V 的 $V_{CC}$）接入与非门 U3:A 的一个输入端，这样，U3:A 的两个输入端由一高一低变成两个高电平，输出由高电平（一低则高）变为低电平（全高则低），此下降沿信号进入下降沿有效的 JK 触发器 U1:A 的时钟输入端。输入端 J 和 K 均接入高电平，故输出端发生翻转，由低电平变为高电平，D1 灯亮，SW1 选手抢答成功，并将此高电平信号送入三路或非门（74LS27）中，或非门输出低电平（或非门一高则低）。此低电平信号进入与非门（U3:A、U3:B、U3:C），与非门的输出一低则高，除 D1 灯已亮不受影响外，其余的选手再按自己的开关时，各自的 JK 触发器的时钟输入端均被封锁在高电平，无法抢答。仿真运行电路如图 8-7 所示。

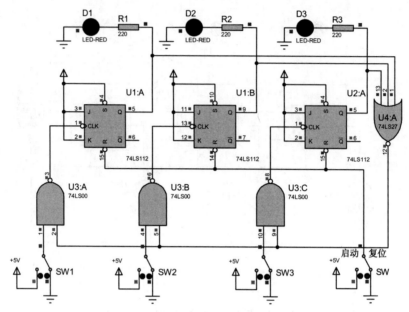

图 8-6　基于 JK 触发器的优先抢答器清零功能运行调试

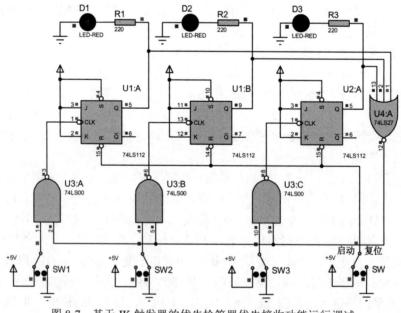

图 8-7　基于 JK 触发器的优先抢答器优先接收功能运行调试

8　项目

抢答结束后，主持人将清零开关接入低电平（接地端），将此信号送入低电平有效的异步清零端，实现异步清零，D1 灯灭，进入下一轮抢答。

### 8.2.2　认识 JK 触发器 74LS112

JK 触发器是数字电路触发器中的一种电路单元。JK 触发器具有置 0、置 1、保持和翻转功能，在各类集成触发器中，JK 触发器的功能最为齐全。在实际应用中，它不仅有很强的通用性，而且能灵活地转换成其他类型的触发器。

**1. 74LS112 引脚功能**

74LS112 是一个具有两个 JK 触发器的芯片，如图 8-8 所示。

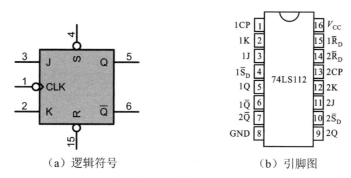

（a）逻辑符号　　　　　　　（b）引脚图

图 8-8　JK 触发器 74LS112

*J* 和 *K* 是信号输入端，时钟 *CP* 控制 JK 触发器的翻转，*S*、*R* 分别为异步置 1 端和异步置 0 端，均为低电平有效。

**2. 74LS112 功能表**

JK 触发器 74LS112 功能表如表 8-2 所示。

**3. JK 触发器工作原理**

（1）*J*=0，*K*=0

若触发器的初始状态为 0，当 *CP*=1 时，由于主触发器的 *R*=0，*S*=0，它的状态保持不变。当 *CP* 下跳时，由于从触发器的 *R*=1，*S*=0，它的输出为 0 态，即触发器保持 0 态不变。如果初始状态为 1，触发器亦保持 1 态不变。

（2）*J*=0，*K*=1

若触发器的初始状态为 1，当 *CP*=1 时，由于主触发器的 *R*=1，*S*=0，它翻转成 0 态。当 *CP* 下跳时，从触发器也翻转成 0 态。如果触发器的初始状态为 0 态，当 *CP*=1 时，由于主触发器的 *R*=0，*S*=0，它保持原态不变；在 *CP* 从 1 下跳为 0 时，由于从触发器的 *R*=1，*S*=0，也保持 0 态。

（3）*J*=1，*K*=0

若触发器的初始状态为 0，当 *CP*=1 时，由于主触发器的 *R*=0，*S*=1，它翻转成 1 态。当

$CP$ 下跳时，由于从触发器的 $R=0$，$S=1$。也翻转成 1 态。如果触发器的初始状态为 1，当 $CP=1$ 时，由于主触发器的 $R=0$，$S=0$，它保持原态不变；在 $CP$ 从 1 下跳为 0 时，由于从触发器的 $R=0$，$S=1$，也保持 1 态。

表 8-2  JK 触发器 74LS112 功能表

| J | K | $CP$ | $Q_{n+1}$ | | 功能说明 |
|---|---|---|---|---|---|
| | | | $Q_n=0$ | $Q_n=1$ | |
| 0 | 0 | $0\rightarrow1$ | 0 | 1 | 保持 |
| | | $1\rightarrow0$ | 0 | 1 | |
| 0 | 1 | $0\rightarrow1$ | 0 | 1 | 复位 |
| | | $1\rightarrow0$ | 0 | 0 | （置 0） |
| 1 | 0 | $0\rightarrow1$ | 0 | 1 | 置位 |
| | | $1\rightarrow0$ | 1 | 1 | （置）4 |
| 1 | 1 | $0\rightarrow1$ | 0 | 1 | 计数 |
| | | $1\rightarrow0$ | 1 | 0 | （取反） |

（4）$J=1$，$K=1$

若时钟脉冲到来之前（$CP=0$）触发器的初始状态为 0，这时主触发器的 $R=K$、$Q=0$、$S=J$、$\overline{Q}=1$，时钟脉冲到来后（$CP=1$），主触发器翻转成 1 态。当 $CP$ 从 1 下跳为 0 时，主触发器状态不变，从触发器的 $R=0$，$S=1$，它也翻转成 1 态。反之若触发器的初始状态为 1，可以同样分析主、从触发器都翻转成 0 态。

可见，JK 触发器在 $J=1$，$K=1$ 的情况下，来一个时钟脉冲就翻转一次，即 $Q=\overline{Q}$，具有计数功能。

主从 JK 触发器是在 CP 脉冲高电平期间接收信号，如果在 CP 高电平期间输入端出现干扰信号，那么就有可能使触发器产生与逻辑功能表不符合的错误状态。边沿触发器的电路结构可使触发器在 CP 脉冲有效触发沿到来前一瞬间接收信号，在有效触发沿到来后产生状态转换，这种电路结构的触发器大大提高了抗干扰能力和电路工作的可靠性。

## 【技能训练 8-2】 基于 74LS112 的 0-9 计数显示器

由工作模块 17 中 JK 触发器功能表可知，JK 输入端均为高电平时具有翻转（计数）功能，能否利用多个 JK 触发器共同作用实现多位计数器呢？

1. 基于 74LS112 的 0-9 计数显示器设计

图 8-9 所示电路是由 3 个 JK 触发器构成的同步八进制加法计数器，对 $CP$ 脉冲（U1:A）按照自然二进制码（000-111）循环计数（即实现八进制加法计数），数码管能从 0-7 依次显示，周而复始循环。SW 置于复位（清零）端，3 个 JK 触发器的异步清零端均为低电平（低电平

有效），JK 触发器强制清零，电路进入清零状态。

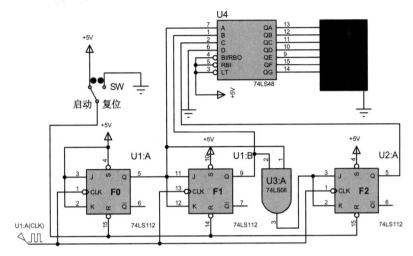

图 8-9　基于 74LS112 的 0-9 计数显示器

运行 Proteus 软件，新建"基于 74LS112 的 0-9 计数显示器"设计文件。按照图 8-9 所示，放置并编辑集成运放 74LS112、74LS08、74LS48、SW-SPDT、7SEG-COM-CATHODE 等元器件。设计基于 74LS112 的 0-9 计数显示器后，进行电气规则检测。

**2. 基于 74LS112 的 0-9 计数显示器仿真运行调试**

（1）运行 Proteus 软件，打开基于 74LS112 的 0-9 计数显示器。

（2）单击工具栏的"运行"按钮▶，SW 置于复位（清零）端，3 个 JK 触发器的异步清零端均为低电平（低电平有效），JK 触发器强制清零，电路进入清零状态，时钟信号（U1:A）同步送入 3 个 JK 触发器的时钟输入端，由于 3 个时钟输入端均被封锁在低电平。仿真运行电路如图 8-10 所示。

（3）SW 置于启动端，3 个 JK 触发器的异步清零端均为高电平（低电平有效），JK 触发器进入计数状态，时钟信号（U1:A）同步送入 3 个 JK 触发器的时钟输入端，由于三个时钟输入端同步高低交替变化，对 $CP$ 脉冲按照自然二进制码（000-111）循环计数（即实现八进制加法计数），数码管能从 0-7 依次显示，周而复始循环。仿真运行电路如图 8-11 所示。

**3. 0-9 计数显示器功能分析**

根据时序逻辑电路分析步骤逐步分析图 8-9 所示电路逻辑功能，并与仿真运行调试结果进行分析对比。所谓时序逻辑电路的分析，就是根据给定的时序逻辑电路图，以及在时钟和输入信号作用下，找出电路状态及输出的变化规律，从而了解电路的逻辑功能。常用的方法有方程代入法和图解法等，这里主要讲方程代入法。分析步骤如下：

（1）分清电路

根据已知时序电路，明确电路的各个部分，并确定输入信号和输出信号。

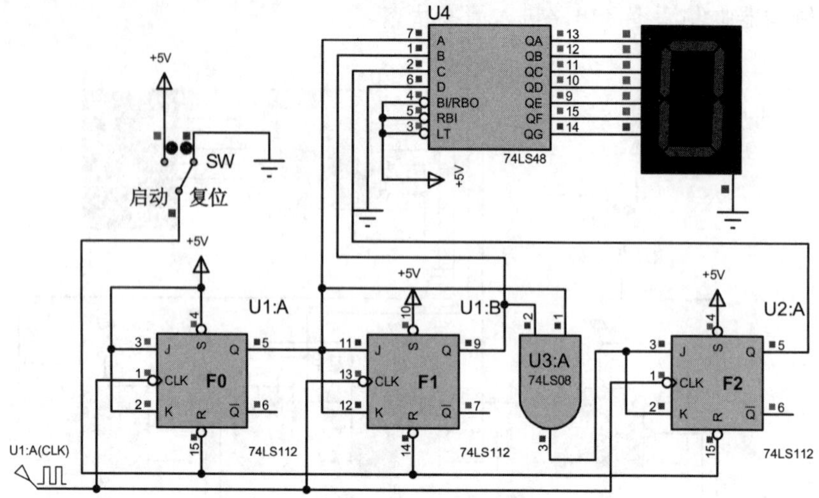

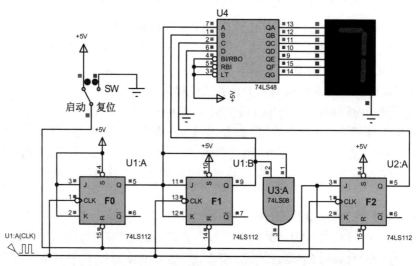

图 8-10　基于 74LS112 的 0-9 计数显示器清零功能运行调试

图 8-11　基于 74LS112 的 0-9 计数显示器计数功能运行调试

输入信号：$CP$（U1:A）

输出信号：$Q_2$、$Q_1$、$Q_0$

（2）列出 3 个方程

3 个方程分别是驱动方程、状态方程和输出方程。具体地说，首先由时序逻辑电路的组合电路部分，写出该时刻时序电路输出函数表达式及输出方程；然后写出各触发器的输入控制信号逻辑表达式，即激励函数或驱动方程；再将驱动方程代入触发器的特性方程，得到状态方程。状态方程反映了外部输入及现态与次态之间的关系。对某些电路，触发器的输出就作为时序电路的输出，此时可以不写输出方程。

各个触发器的 CP 都相同，所以是同步时序电路。

$$CP = CP_0 = CP_1 = CP_2$$

写出各触发器的驱动方程：

$$J_0 = K_0 = 1$$

$$J_1 = K_1 = Q_0^n$$

$$J_2 = K_2 = Q_0^n Q_1^n$$

写出触发器特征方程：JK 触发器的特征方程是 $Q^{n+1} = J\overline{Q^n} + \overline{K}Q^n$，将各触发器的驱动方程代入其中，列出各触发器特征方程。

$$Q_0^{n+1} = J_0 \overline{Q_0^n} + \overline{K_0}Q_0^n = \overline{Q_0^n}$$

$$Q_1^{n+1} = J_1 \overline{Q_1^n} + \overline{K_1}Q_1^n = Q_0^n \overline{Q_1^n} + \overline{Q_0^n}Q_1^n$$

$$Q_2^{n+1} = J_2 \overline{Q_2^n} + \overline{K_2}Q_2^n = Q_0^n Q_1^n \overline{Q_2^n} + \overline{Q_0^n Q_1^n}Q_2^n$$

（3）状态真值表

由上述各方程，列出状态转换真值表，将外界输入信号和触发器的现态均作为时序电路的输入信号，根据各触发器的状态方程，得到状态迁移状况。用表列出，即为状态转换真值表，如表 8-3 所示。

表 8-3　状态转换真值表

| 现态 | | | 次态 | | |
|---|---|---|---|---|---|
| $Q_2^n$ | $Q_1^n$ | $Q_0^n$ | $Q_2^{n+1}$ | $Q_1^{n+1}$ | $Q_0^{n+1}$ |
| 0 | 0 | 0 | 0 | 0 | 1 |
| 0 | 0 | 1 | 0 | 1 | 0 |
| 0 | 1 | 0 | 0 | 1 | 1 |
| 0 | 1 | 1 | 1 | 0 | 0 |
| 1 | 0 | 0 | 1 | 0 | 1 |
| 1 | 0 | 1 | 1 | 1 | 0 |
| 1 | 1 | 0 | 1 | 1 | 1 |
| 1 | 1 | 1 | 0 | 0 | 0 |

（4）状态图

根据状态转换真值表可得到该时序电路的状态转换图，如图 8-12 所示。

（5）功能描述

根据上述结果作出时序图（波形图）或作文字描述，时序图是指时序电路从某一个初始状态起，对应某一给定的输入序列的响应。即从状态转换真值表和状态图可以看出，该电路就是一个模 8 同步计数器，也是逢八进一的计数器。

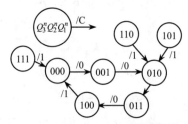

图 8-12　基于 74LS112 的 0-9 计数显示器状态转换图

## 8.3　工作模块 18　基于 D 触发器的抢答器

使用 74LS175 D 触发器，实现一个 4 位抢答器。要求选手按下开关，与之对应指示灯优先点亮。

### 8.3.1　用 Proteus 设计四路抢答器电路

1. 基于 D 触发器的四路抢答器设计

按照工作任务要求，四路抢答器由 D 触发器、按键控制和 LED 显示组成。抢答器如图 8-13 所示。在脉冲信号作用下，74LS175 能把各通道（D0、D1、D2、D3）逻辑信号送至对应输出端（Q0、Q1、Q2、Q3），依次控制 D1、D2、D3、D4 工作状态。当 S1 闭合时，D0 通道送入高电平，从 Q0 输出低电平，点亮 D1。三盏指示灯 D1、D2、D3、D4 分别表示 S1、S2、S3、S4 输入抢答信号。

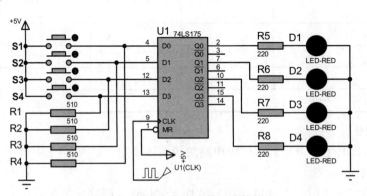

图 8-13　基于 D 触发器的四路抢答器

运行 Proteus 软件，新建"基于 D 触发器的四路抢答器"设计文件。按照图 8-13 所示，放置并编辑集成运放 74LS175、RES、BUTTON、LED-RED 等元器件。设计基于 D 触发器的四路抢答器后，进行电气规则检测。

**2. 基于 D 触发器的四路抢答器仿真运行调试**

（1）运行 Proteus 软件，打开基于 D 触发器的四路抢答器。

（2）单击工具栏的"运行"按钮 ▶，S 均断开，74LS175 各输入端（D0、D1、D2、D3）均为低电平，送至对应输出端（Q0、Q1、Q2、Q3），指示灯（D1、D2、D3、D4）因得到低电平均未点亮。此时，74LS175 管脚 9（CLK）高低电平不停交替变换，做好把输入端信号送至输出端的准备工作。仿真运行电路如图 8-14 所示。

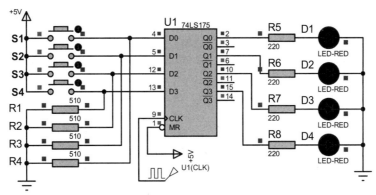

图 8-14　基于 D 触发器的四路抢答器

（3）若 S1 闭合，其他断开，74LS175 输入端 D0 为低电平，在 CLK 作用下，送至对应输出端 Q0，指示灯 D1 因得到高电平而被点亮。仿真运行电路如图 8-15 所示。其余 3 路抢答电路仿真运行调试可参考 S1 路完成，实现工作任务要求。

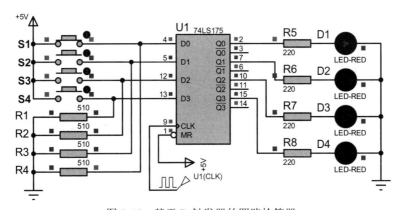

图 8-15　基于 D 触发器的四路抢答器

### 8.3.2 认识 D 触发器 74LS175

**1. 74LS175 引脚功能**

74LS175 是常用的 D 触发器集成电路，里面含有 4 组 D 触发器，如图 8-16 所示。

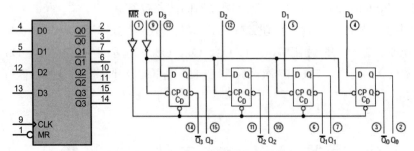

图 8-16 74LS175 引脚和内部结构图

MR 为复位端（清 0），D0、D1、D2、D3 分别为输入端，Q0、Q1、Q2、Q3 分别为输出端，CLK 是脉冲输入端。

**2. 74LS175 功能表**

D 触发器 74LS175 功能表如表 8-4 所示。

表 8-4 D 触发器 74LS175 功能表

| 输入 | | | | | | 输出 | | | |
|---|---|---|---|---|---|---|---|---|---|
| MR | CLK | D0 | D1 | D2 | D3 | Q0 | Q1 | Q2 | Q3 |
| 0 | × | × | × | × | × | 0 | 0 | 0 | 0 |
| 1 | ↑ | D0 | D1 | D2 | D3 | D0 | D1 | D2 | D3 |
| 1 | 1 | × | × | × | × | 保持 | | | |
| 1 | 0 | × | × | × | × | 保持 | | | |

当 CLK 引脚输入上升沿时，D0～D3 被锁存到输出端（Q0～Q3）。CLK 其他状态时，输出与输入无关。

## 【技能训练 8–3】 基于 D 触发器的四路优先抢答器

工作模块 18 中所示抢答器主要在于让读者掌握 D 触发器的工作原理，实质上存在可以多人同时抢答的弊端，多个指示灯能同时工作，试尝试通过外加门电路实现优先抢答功能？

**1. 基于 D 触发器的四路优先抢答器设计**

图 8-14 所示电路由 74LS175 和门电路组成，对 *CP* 脉冲（U1:A）按照自然二进制码（000-111）循环计数（即实现八进制加法计数），数码管能从 0-7 依次显示，周而复始循环。SW 置于复位（清零）端，3 个 JK 触发器的异步清零端均为低电平（低电平有效），JK 触发器强制清零，

电路进入清零状态。

在工作模块 18 的基础上，按照工作任务要求，优先抢答器由 D 触发器、门电路和 LED 显示组成。优先抢答器如图 8-17 所示。把 74LS175 四组反相输出端信号和外来脉冲信号通过门电路共同作用于 74LS175 管脚 9（CLK），实现优先抢答功能。主持人操作清零开关控制电路抢答和复位状态。

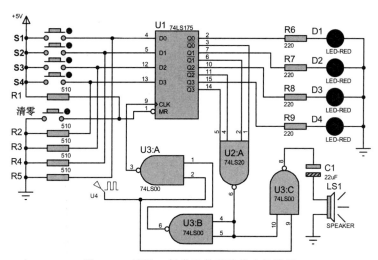

图 8-17　基于 D 触发器的四路优先抢答器

运行 Proteus 软件，新建"基于 D 触发器的四路优先抢答器"设计文件。按照图 8-17 所示，放置并编辑集成运放 74LS175、74LS20、74LS00、RES、BUTTON、LED-RED 等元器件。设计基于 D 触发器的四路优先抢答器后，进行电气规则检测。

2. 基于 D 触发器的四路优先抢答器仿真运行调试

（1）运行 Proteus 软件，打开基于 D 触发器的四路优先抢答器。

（2）单击工具栏的"运行"按钮 ▶，S 均断开，74LS175 各输入端（D0、D1、D2、D3）均为低电平，送至对应输出端（Q0、Q1、Q2、Q3），指示灯（D1、D2、D3、D4）因得到低电平均未点亮。74LS175 互补输出端均为高电平，同时送入 U2:A（74LS20）得到低电平，再送入 U3:B（74LS00），把得到的高电平与外部脉冲信号一起送入 U3:B（74LS00）控制 74LS175 管脚 9。此时，74LS175 管脚 9（CLK）高低电平不停交替变换，做好把输入端信号送至输出端的准备工作。因扬声器输入端只得到高电平，不能发出声音。仿真运行电路如图 8-18 所示。

（3）若 S1 闭合，其他断开，74LS175 输入端 D0 为高电平，在 CLK 作用下，送至对应输出端 Q0，指示灯 D1 因得到高电平被点亮，74LS175 互补输出端中 Q0 为低电平，其他均为高电平，同时送入 U2:A（74LS20）得到高电平，再送入 U3:B（74LS00），把得到的低电平与外部脉冲信号一起送入 U3:B（74LS00）控制 74LS175 管脚 9，此时 CLK 因得到高电平被封锁。其余 3 路即使按下抢答按键，D 触发器也不能把输入端信号送至输出端，即保持原状态不变。仿真运行电路如图 8-19 所示。扬声器输入端得到高低交替变换电平，因而发出声音。

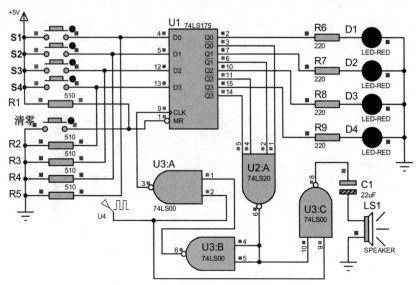

图 8-18　基于 D 触发器的四路优先抢答器抢答状态运行调试

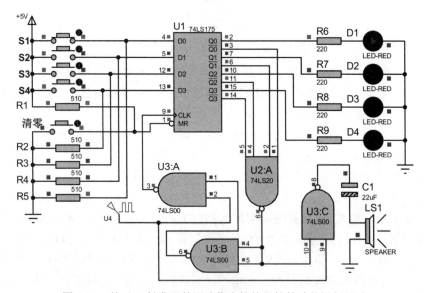

图 8-19　基于 D 触发器的四路优先抢答器抢答功能运行调试

断开 S1，D0 通道输入低电平，因 74LS175 管脚 9 输入始终为高电平，故 Q0 始终保持高电平不变，如图 8-20 所示。只有按下清零按键，管脚 1（MR）得到低电平，实现异步清零，D1 才能熄灭，做好下一轮抢答准备。其余 3 路抢答电路仿真运行调试可参考 S1 路完成，实现工作任务要求。

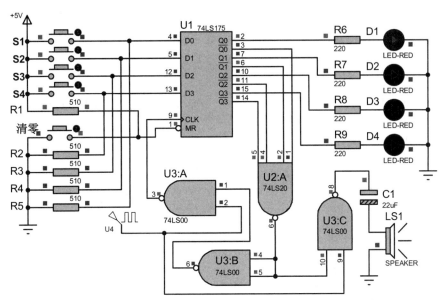

图 8-20　基于 D 触发器的四路优先抢答器清零功能运行调试

 **关键知识点小结**

1. 由与非门构成的 RS 触发器

（1）RS 触发器电路组成

把两个与非门的输入、输出端交叉连接，即可构成基本 RS 触发器，逻辑电路如图 8-4 所示。它有两个输入端 $R$、$S$ 和两个输出端 $Q$、$\overline{Q}$。

（2）RS 触发器特征方程

基本 RS 触发器的逻辑方程为：$Q^{n+1}=\overline{S}+R\times Q^{n}$

约束方程：$RS=0$

（3）RS 触发器两种状态

正常工作时，触发器的 $Q$ 和 $\overline{Q}$ 应保持相反，因而触发器具有两个稳定状态：

1）$Q=1$，$\overline{Q}=0$。通常将 $Q$ 端作为触发器的状态。若 $Q$ 端处于高电平，就说触发器是 1 状态；

2）$Q=0$，$\overline{Q}=1$。$Q$ 端处于低电平，就说触发器是 0 状态；$Q$ 端称为触发器的原端或 1 端，$\overline{Q}$ 端称为触发器的非端或 0 端。

另外，当 $R=1$，$S=1$ 时，$Q$ 及 $\overline{Q}$ 状态保持原状态不变；当 $R=0$，$S=0$ 时，不论触发器的初始状态如何，如 $Q=\overline{Q}=1$，若 $R$、$S$ 同时由 0 变成 1，在两个门的性能完全一致的情况下，$Q$ 及 $\overline{Q}$ 哪一个为 1，哪一个为 0 是不定的，因此在应用时不允许 $R$ 和 $S$ 同时为 0。

**2．JK 触发器 74LS112**

JK 触发器是数字电路触发器中的一种电路单元。JK 触发器具有置 0、置 1、保持和翻转功能，在各类集成触发器中，JK 触发器的功能最为齐全。

（1）74LS112 引脚功能

74LS112 是一个具有两个 JK 触发器的芯片，$J$ 和 $K$ 是信号输入端，时钟 $CP$ 控制 JK 触发器的翻转，$S$、$R$ 分别为异步置 1 端和异步置 0 端，均为低电平有效。

（2）JK 触发器特征方程

$$Q^{n+1}=J\overline{Q}^{n}+\overline{K}Q^{n}$$

（3）JK 触发器原理

1）$J=0$，$K=0$

若触发器的初始状态为 0，当 $CP=1$ 时，由于主触发器的 $R=0$，$S=0$，它的状态保持不变。当 $CP$ 下跳时，由于从触发器的 $R=1$，$S=0$，它的输出为 0 态，即触发器保持 0 态不变。如果初始状态为 1，触发器亦保持 1 态不变。

2）$J=0$，$K=1$

若触发器的初始状态为 1，当 $CP=1$ 时，由于主触发器的 $R=1$，$S=0$，它翻转成 0 态。当 $CP$ 下跳时，从触发器也翻转成 0 态。如果触发器的初始状态为 0 态，当 $CP=1$ 时，由于主触发器的 $R=0$，$S=0$，它保持原态不变；在 $CP$ 从 1 下跳为 0 时，由于从触发器的 $R=1$，$S=0$，也保持 0 态。

3）$J=1$，$K=0$

若触发器的初始状态为 0，当 $CP=1$ 时，由于主触发器的 $R=0$，$S=1$，它翻转成 1 态。当 $CP$ 下跳时，由于从触发器的 $R=0$，$S=1$，也翻转成 1 态。如果触发器的初始状态为 1，当 $CP=1$ 时，由于主触发器的 $R=0$，$S=0$，它保持原态不变；在 $CP$ 从 1 下跳为 0 时，由于从触发器的 $R=0$，$S=1$，也保持 1 态。

4）$J=1$，$K=1$

若时钟脉冲到来之前（$CP=0$）触发器的初始状态为 0，这时主触发器的 $R=K$、$Q=0$、$S=J$、$\overline{Q}=1$，时钟脉冲到来后（$CP=1$），主触发器翻转成 1 态。当 $CP$ 从 1 下跳为 0 时，主触发器状态不变，从触发器的 $R=0$，$S=1$，它也翻转成 1 态。反之若触发器的初始状态为 1，可以同样分析主、从触发器都翻转成 0 态。

可见，JK 触发器在 $J=1$，$K=1$ 的情况下，来一个时钟脉冲就翻转一次，即 $Q=\overline{Q}$，具有计数功能。

**3．D 触发器 74LS175**

（1）74LS175 引脚功能

74LS175 是常用的 D 触发器集成电路，里面含有 4 组 D 触发器，MR 为复位端（清 0），D0、D1、D2、D3 分别为输入端，Q0、Q1、Q2、Q3 分别为输出端，CLK 是脉冲输入端。

（2）74LS175 特征方程

$$Q^{n+1}=D$$

（3）74LS175 工作原理

当 CLK 引脚输入上升沿时，D0～D3 被锁存到输出端（Q0～Q3）。CLK 其他状态时，输出与输入无关。

**问题与讨论**

8-1　试设计由或非门构成的 RS 触发器，并完成电路仿真运行调试。

8-2　用 JK 触发器和门电路设计一个按自然态序计数的六进制加法计数器。

8-3　用 Proteus 创建图 8-21 所示电路，试分析该电路时序逻辑功能，并完成电路仿真运行调试。

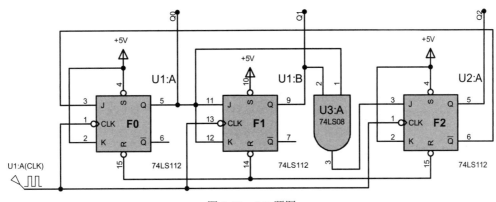

图 8-21　8-3 题图

8-4　图 8-13 所示基于 D 触发器构成的四路抢答器指示灯采用共阴极连接，若要求采用共阳极方式连接，怎么处理？

# 9

# 球赛计分器设计与实现

**终极目标**

掌握计数器与数码管的接口技术，能完成任意进制计数显示器设计、运行及调试。

**促成目标**

1. 掌握集成计数器的引脚功能和逻辑功能；
2. 掌握反馈归零法和反馈置数法构成 N 进制计数器的设计方法；
3. 掌握串联进位式和并联进位式实现多位计数器级联的设计方法；
4. 会利用计数器实现一位、多位球赛计分器和交通灯倒计时控制。

## 9.1 工作模块 19 一位计分器设计与实现

**工作任务**

利用 74LS160 同步十进制加法计数器来制作一个一位球赛计分器，具有清零和计时功能。

要求使用手动脉冲发生器为 74LS160 提供脉冲信号，实现 0-9 计数，并且通过 74LS48 驱动共阴数码管显示计数结果。

### 9.1.1 用 Proteus 设计一位（0–9）计分器

1. 一位（0-9）计分器设计

按照工作任务要求，一位（0-9）计分器由手动脉冲发生器、十进制加法计数器、共阴显示译码器和辅助功能电路组成。一位（0-9）计分器设计如图 9-1 所示。

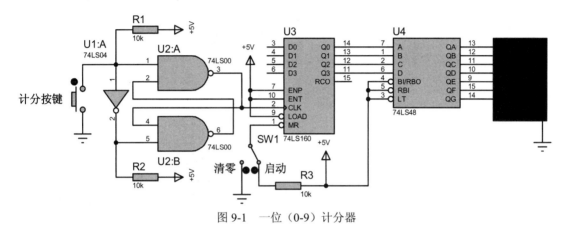

图 9-1 一位（0-9）计分器

手动脉冲发生器由基本 RS 触发器和按键构成，手动控制"计分按键"，74LS00 管脚 3 可分别输出高电平或低电平。"计分按键"断开时（管脚 1 和 5 分别为高电平和低电平）管脚 3 输出为高电平；"计分按键"闭合时（管脚 1 和 5 分别为低电平和高电平）管脚 3 输出为低电平。可通过手动控制按键为计数器 74LS160 管脚 9（CLK）提供脉冲信号。74LS160 在脉冲信号作用下，其输出端 Q3Q2Q1Q0 依次输出 8421BCD 代码，再送入 74LS48，由共阴极数码管显示对应的十进制数。

运行 Proteus 软件，新建"一位（0-9）计分器"设计文件。按照图 9-1 所示，放置并编辑集成运放 74LS00、74LS04、74LS160、74LS48、BUTTON、SW-SPDN、7SEG-COM-CATHODE、RES 等元器件。设计一位（0-9）计分器电路后，进行电气规则检测。

2. 一位（0-9）计分器仿真运行调试

（1）运行 Proteus 软件，打开一位（0-9）计分器。

（2）首先把 SW1 置于"清零"端，单击工具栏的"运行"按钮 ▶，数码管显示为"0"。此时，手动控制"计分按键"可以发现 74LS160 管脚 9（CLK）高、低电平交替变化，但由于管脚 1（MR）接低电平，74LS160 实现清零功能，输出端 Q3Q2Q1Q0 为 0000 始终不变，即电路实现了清零功能。仿真运行结果如图 9-2 所示。

（3）把 SW1 置于"启动"端，74LS160 管脚 1（MR）接高电平，此时其具有计数功能，手动控制"计分按键"8 次，74LS160 输出端 Q3Q2Q1Q0 为 1000，送入 74LS48，由共阴极数码管显示"8"，仿真运行结果如图 9-3 所示。

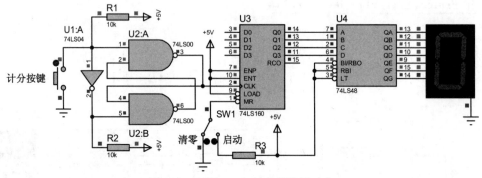

图 9-2　一位（0-9）计分器清零功能

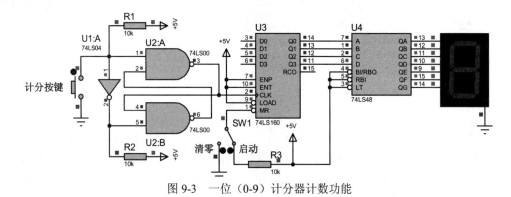

图 9-3　一位（0-9）计分器计数功能

通过仿真可得 74LS160 对 *CP* 脉冲按照自然二进制码（0000-1001）循环计数（即实现十进制加法计数），数码管能从 0-9 依次显示，周而复始循环，实现工作任务要求。

### 9.1.2　认识 74LS160

74LS160 是可预置的中规模集成同步十进制加法计数器，具有异步清零和同步预置数的功能。使用 74LS160 通过置零法或置数法可以实现任意进制的计数器。74LS160 引脚如图 9-4 所示。

1. 74LS160 引脚功能

（1）CLK：时钟输入端

（2）Q0～Q3：输出端

（3）$\overline{\text{MR}}$：异步清零端（低电平有效）

（4）$\overline{\text{LOAD}}$：同步并行置入端（低电平有效）

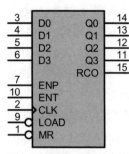

图 9-4　74LS160 引脚图

（5）D0～D3：并行输入数据端

（6）ENP：计数控制端

（7）ENT：计数控制端

（8）RCO：进位输出端

2. 74LS160 功能表

74LS160 的功能如表 9-1 所示。

（1）异步清零：当 $\overline{MR}$ =0 时，Q0=Q1=Q2=Q3=0。即 $\overline{MR}$ 端输入低电平，不受 CLK 控制，输出端立即全部为 "0"，74LS160 为异步清零计数器，见功能表的第一行。

（2）同步预置：74LS160 具有同步预置功能，当 $\overline{MR}$ =1、$\overline{LOAD}$ =0 时，在时钟脉冲 CLK 上升沿作用下，Q0＝D0，Q1＝D1，Q2＝D2，Q3＝D3。即在 $\overline{MR}$ 端无效、$\overline{LOAD}$ 端输入低电平时，在时钟共同作用下，CLK 上跳后计数器状态等于预置输入 DCBA，即所谓 "同步" 预置功能，见功能表第二行。

（3）锁存：当 ENT=0 或 ENP=0 时，计数器禁止计数，为锁存状态。既 $\overline{MR}$ 和 $\overline{LOAD}$ 都无效时，ENT 或 ENP 任意一个为低电平，计数器处于保持功能，即输出状态不变，见功能表第三、四行。

（4）计数：当使能端 $\overline{MR}$ =$\overline{LOAD}$ =ENP＝ENT＝1 时，为计数状态，计数器对 CP 脉冲按照自然二进制码（0000-1001）循环计数（CP 上升沿翻转）。当计数状态达到 1001 时，RCO=1，产生进位信号。

表 9-1　74LS160 功能表

| $\overline{MR}$ | $\overline{LOAD}$ | ENT ENP CLK | | | D3 D2 D1 D0 | | | | Q3 Q2 Q1 Q0 | | | |
|---|---|---|---|---|---|---|---|---|---|---|---|---|
| 0 | × | × | × | × | × | × | × | × | 0 | 0 | 0 | 0 |
| 1 | 0 | × | × | ↑ | D | C | B | A | D | C | B | A |
| 1 | 1 | 0 | × | × | × | × | × | × | 保持 | | | |
| 1 | 1 | × | 0 | × | × | × | × | × | 保持 | | | |
| 1 | 1 | 1 | 1 | ↑ | × | × | × | × | 计数 | | | |

3. 74LS160 应用

常见的集成计数器，一般为二进制（多位二进制）和十进制计数器，若要构成任意进制，即 N 进制，如五进制、七进制、十二进制等模数（进制数）不等于 2n 的计数器，通常采用以下两种方法。

（1）反馈清零法

反馈清零法是将原为 M 进制的计数器，利用计数器的清零端，得到 N 进制计数器。当计数器从初始置零状态计入 N 个计数脉冲后，将 N 的二进制状态反馈至清零端，使计数器强制清零、复位，再开始下一计数循环。计数器跳过（M-N）个状态，得到 N 进制计数器（M>N）。

（2）反馈置数法

采用置位法构成 N 进制计数器电路，计数器必须具有预置数功能。其方法是：利用预置数功能端，使计数过程中跳过（M-N）个状态，强行置入某一设置数，当下一个计数脉冲输入时，电路从该状态开始下一循环。

说明：计数器清零、置数均有异步、同步之分。通过大量实践发现，在利用反馈清零法和反馈置数法实现 N 进制计数器时，如果计数器为异步清零或异步置数，则将 N 的二进制状态反馈至清零端或置数端；如果计数器为同步清零或同步置数，则将 N-1 的二进制状态反馈至清零端或置数端。

## 【技能训练 9-1】 利用反馈清零法构成的一位（0-3）计分器

工作模块 19 中 SW1 置于"启动"端时 74LS160 管脚 1（$\overline{MR}$）接高电平，根据表 9-1，其在 CP 信号作用下实现了十进制计数，数码管依次显示 0-9，那么如何采用反馈清零法实现 0-3 计分显示呢？

1. 一位（0-3）计分器设计

参考工作模块 19 电路，74LS160 管脚 1（MR）接 U5:A（74LS00）输出端，U5:A 输入信号由 74LS160 管脚 12（Q2）提供，如图 9-5 所示。74LS160 为异步清零，故实现 N（N=4）进制计数则反馈 N 的二进制状态（Q3Q2Q1Q0=0100），即反馈"4"。由于 74LS160 实现清零功能，管脚 1（MR）需要接低电平，故输出端 Q2 和清零端 $\overline{MR}$ 之间连接与非门，在第 4 个脉冲来临时，在与非门作用下能为清零端 $\overline{MR}$ 提供低电平，使 74LS160 强制清零、复位，再开始下一计数循环。

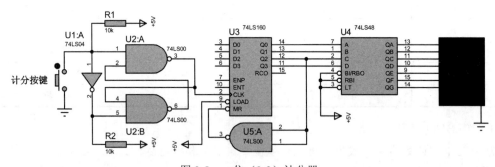

图 9-5　一位（0-3）计分器

2. 一位（0-3）计分器仿真运行调试

运行 Proteus 软件，手动控制"计分按键"3 次，74LS160 输出端 Q3Q2Q1Q0 为 0011，送入 74LS48，由共阴极数码管显示"3"，仿真运行结果如图 9-6 所示。通过仿真可得数码管能从 0-3 依次显示，周而复始循环，实现技能训练要求。

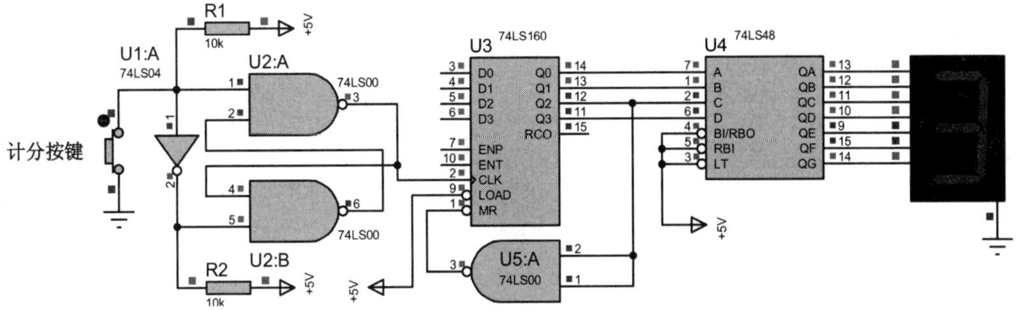

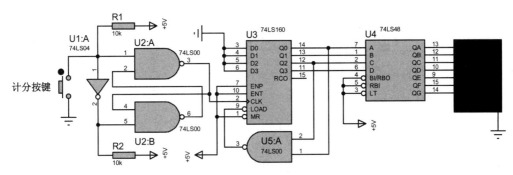

图 9-6　一位（0-3）计分器计数功能

## 【技能训练 9–2】　利用反馈置数法构成的一位（0–5）计分器

在工作模块 19 中如何采用反馈置数法实现 0-5 计分显示呢？

1. 一位（0-5）计分器设计

参考工作模块 19 电路，74LS160 $\overline{\text{LOAD}}$ 接 U5:A（74LS00）输出端，U5:A 输入信号由 74LS160 管脚 12、14（Q2、Q0）提供，如图 9-7 所示。

图 9-7　一位（0-5）计分器

74LS160 为同步并行置数，故实现 N（N=6）进制计数则反馈 N-1 的二进制状态（Q3Q2Q1Q0=0101），即反馈 "5"。74LS160 可以同步预置任意二进制数，D0～D3 均接低电平，$\overline{\text{LOAD}}$ 需要低电平，故输出端 Q2、Q0 和 $\overline{\text{LOAD}}$ 之间连接与非门，在第 5 个脉冲来临时，在与非门作用下能为 $\overline{\text{LOAD}}$ 提供低电平，当下一个计数（第 6 个）脉冲输入时，使 74LS160 强制清零、复位，再开始下一计数循环。

2. 一位（0-5）计分器仿真运行调试

运行 Proteus 软件，手动控制 "计分按键" 5 次，此时 $\overline{\text{LOAD}}$ 为低电平，74LS160 输出端 Q3Q2Q1Q0 为 0101，送入 74LS48，由共阴极数码管显示 "5"，仿真运行结果如图 9-8 所示。通过仿真可得数码管能从 0-5 依次显示，周而复始循环，实现技能训练要求。

图 9-8  一位（0-5）计分器调试运行

# 9.2  工作模块 20  两位球赛计分器

**工作任务**

利用两个 74LS160 同步十进制加法计数器来制作一个两位球赛计分器。要求使用一个手动计数按钮，实现 00-99 的计数，并且通过 74LS48 驱动共阴极数码管显示计数结果。

## 9.2.1  用 Proteus 设计两位球赛计分器

**1. 两位球赛计分器电路设计**

根据工作任务要求，在工作模块 19 的基础上，再增加一个计数显示单元，按照一定方式级联起来，即可实现两位计数显示。在 74LS160 计数器（个位）的 CLK 管脚接一个手动脉冲发生器，把其输出端 Q3Q2Q1Q0 接入 74LS48（U4）驱动一个共阴极数码管，作为 00-99 计数的个位数显示；用 74LS160 计数器（十位）的输出端 Q3Q2Q1Q0 接入 74LS48（U3）驱动另一个共阴极数码管，作为 00-99 计数的十位数显示。把个位计数器进位输出信号通过与非门作为个位计数器脉冲信号，实现个位逢十进一。计分器设计电路如图 9-9 所示。

运行 Proteus 软件，新建"两位球赛计分器"设计文件。按图 9-9 所示放置并编辑 74LS00、74LS04、74LS160、74LS48、BUTTON、SW-SPDN、7SEG-COM-CATHODE、RES 等元器件。完成两位球赛计分器设计后，进行电气规则检测。

**2. 两位球赛计分器电路仿真运行调试**

（1）运行 Proteus 软件，打开两位球赛计分器。

（2）首先把 SW1 置于"清零"端，单击工具栏的"运行"按钮 ▶，数码管显示为"00"。此时，手动控制"计分按键"可以发现 74LS160（个位）管脚 9（CLK）高、低电平交替变化，但由于个位、十位计数器的管脚 1（MR）均接低电平，74LS160 实现清零功能，两组输出端

Q3Q2Q1Q0 均为 0000，即电路实现了清零功能。仿真运行结果如图 9-10 所示。

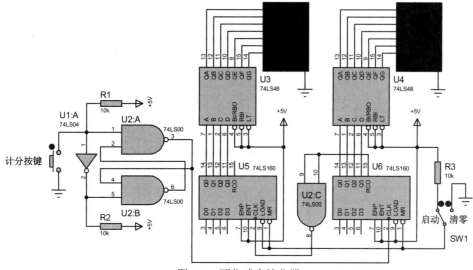

图 9-9　两位球赛计分器

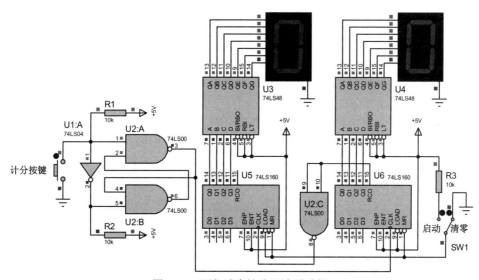

图 9-10　两位球赛计分器清零功能

（3）把 SW1 置于"启动"端，个位、十位计数器 74LS160 管脚 1（MR）均接高电平，此时其具有计数功能，手动控制"计分按键"99 次，74LS160 输出端 Q3Q2Q1Q0 均为 1001，送入 74LS48，由共阴极数码管显示"99"，仿真运行结果如图 9-11 所示。通过仿真可得数码管能从 00-99 依次显示，周而复始循环，实现工作任务要求。

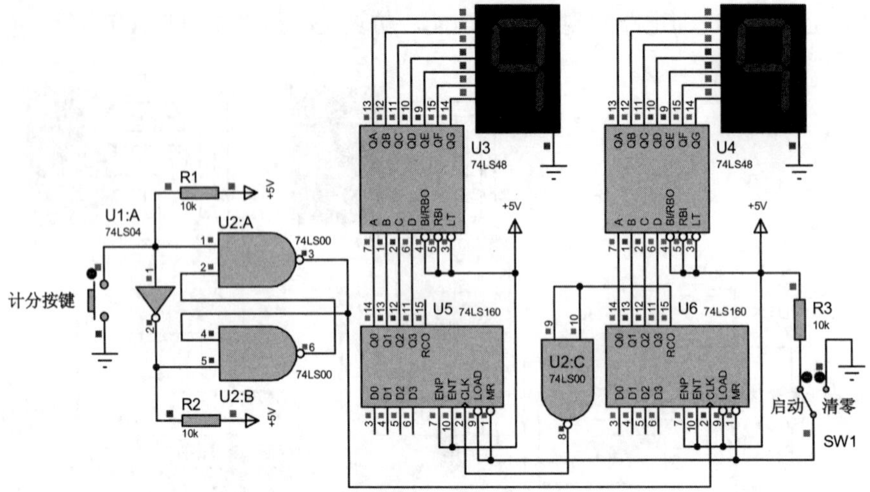

图 9-11　两位球赛计分器计数功能

### 9.2.2　认识 24 进制计数器级联

计数器的级联，在许多地方都有应用。只要存在两位及以上的显示电路，都存在计数器的级联问题。在多级显示电路中，每位的译码、显示电路完全相同，只有计数器存在低位向高位进位的级联问题。学会了计数器的级联，多位显示电路的关键连接也就解决了。

把集成计数器级联起来扩展容量，一般都设置有级联用的输入端和输出端，只要正确把它们连接起来，便可得到容量更大的计数器。例如，把一个 N1 进制和一个 N2 进制计数器级联起来，便可构成 N=N1×N2 进制计数器。多片集成计数器级联方式有串联进位式和并联进位式两种。

用两片 74LS160 和门电路构成 24 进制计数器（采用反馈清零法实现），要求译码显示，并显示数字为 00-23 的循环。下面基于 24=2*10+4 分别接成串联进位式和并联进位式。

1. 接成串联进位式

工作模块 20 采用串联进位式完成计数器级联，实现 00-99 计数显示。如果实现 00-23 循环计数，只需把工作模块 20 按照如下进行改进：把个位计数器输出端 Q2 和十位计数器输出端 Q1 送入一个与非门，把与非门输出端直接与个位、十位计数器的管脚 1（MR）连接即可，如图 9-12 所示。

串联进位式特点：外加时钟接入低位计数器的时钟输入端，低位计数器进位输出端或输出端信号作为高位计数器的时钟信号。

运行 Proteus 软件，单击工具栏的"运行"按钮▶，手控"计分按键"可得数码管能从 00-23 依次显示，周而复始循环，实现 24 进制计数器功能。仿真电路如图 9-13 所示。

图 9-13 所示电路可以作为数字钟"小时"计数模块使用。

2. 接成并联进位式

在图 9-12 基础上，把手动脉冲发生器同时接入个位、十位计数器的 CLK 管脚，个位计数器的 ENP、ENT 接高电平，十位计数器的 ENP、ENT 接个位计数器 RCO，即可实现并联进位式 24 进制计数器。如图 9-14 所示。

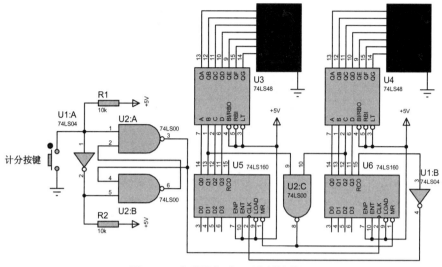

图 9-12　串联进位式 24 进制计数器

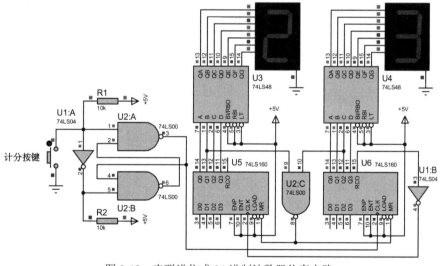

图 9-13　串联进位式 24 进制计数器仿真电路

　　并联进位式特点：外加时钟同时接各片计数器的时钟输入端，各片计数器同时工作；用低位计数器进位信号控制高位计数器的计数控制输入端 ENP、ENT，只有低位有效进位信号送达后，高位计数器才能开始工作。

　　运行 Proteus 软件，单击工具栏的"运行"按钮 ▶，并联进位式计数器同样可以实现 24 进制计数器功能。仿真电路如图 9-15 所示。

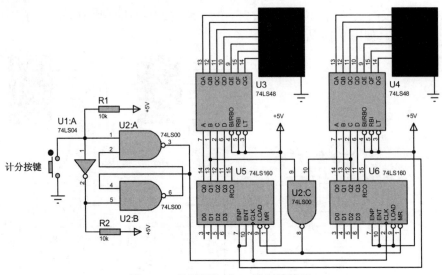

图 9-14　并联进位式 24 进制计数器

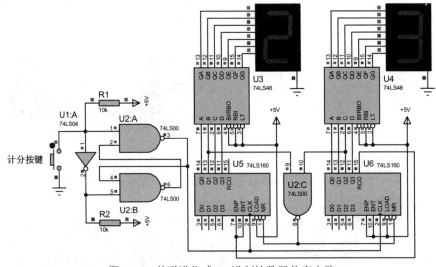

图 9-15　并联进位式 24 进制计数器仿真电路

## 【技能训练 9-3】 0-60 秒计时器

### 1. 0-60 秒计时器设计

在 9.2.2 节的并联进位式 24 进制计数器设计原理的基础上，完成 0-60 秒计时器（60 进制计数器）电路设计。60 进制计数器可以按照 60=6*10 结构完成单元计数器的设计，只需要采用反馈清零法或反馈置数法把十位计数器构成 6 进制计数器；采用并联进位式电路特点，完成十位、个位计数器级联工作。计时器设计如图 9-16 所示。

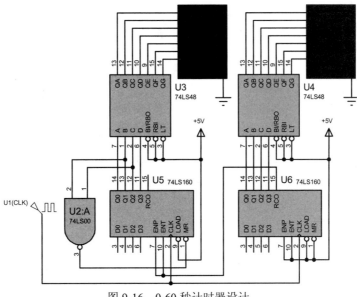

图 9-16　0-60 秒计时器设计

2. 0-60 秒计时器仿真运行调试

（1）运行 Proteus 软件，打开两位球赛计分器。

（2）单击工具栏的"运行"按钮 ▶ ，两位数码管在脉冲信号作用下，在 00-59 之间循环显示，实现工作任务要求。仿真运行结果如图 9-17 所示。

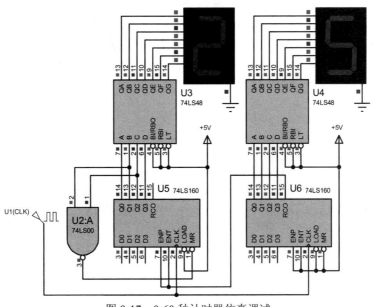

图 9-17　0-60 秒计时器仿真调试

## 9.3 工作模块 21 交通灯倒计时控制与实现

**工作任务**

利用两个 74LS192 同步十进制可逆计数器来制作一个交通灯倒计时控制电路。要求使用脉冲信号发生器，实现 99-00 的计数，并且通过 74LS48 驱动共阴极数码管显示计数结果。

### 9.3.1 交通灯倒计时单元电路

1. 交通灯倒计时电路设计

根据工作任务要求，结合串联进位式多位计数器电路特点，把外加时钟（U1:DN）接入个位计数器 74LS192 的减计数输入端 DN，再把个位计数器 74LS192 借位输出端 TCD 接至个位计数器 74LS192 的减计数输入端 DN，把 U5 输出端 Q3Q2Q1Q0 接入 74LS48（U3）驱动一个共阴极数码管，作为 99-00 计数的个位数显示；把 U4 输出端 Q3Q2Q1Q0 接入 74LS48（U2）驱动一个共阴极数码管，作为 99-00 计数的十位数显示；个位计数器"逢十"便向十位计数器"借一"，实现交通灯倒计时显示。电路如图 9-18 所示。

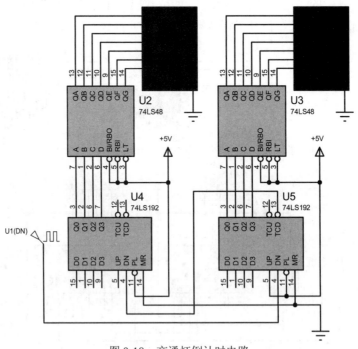

图 9-18 交通灯倒计时电路

运行 Proteus 软件，新建"交通灯倒计时电路"设计文件。按图 9-18 所示放置并编辑 74LS192、74LS48、7SEG-COM-CATHODE、DCLOCK 等元器件。完成交通灯倒计时电路设计后，进行电气规则检测。

2. 交通灯倒计时电路仿真运行调试

（1）运行 Proteus 软件，打开交通灯倒计时电路。

（2）单击工具栏的"运行"按钮 ▶，两位数码管在脉冲信号作用下，在 99-00 之间循环显示，实现工作任务要求。仿真运行结果如图 9-19 所示。

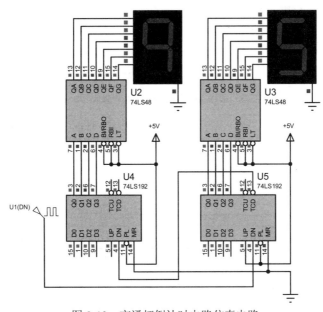

图 9-19　交通灯倒计时电路仿真电路

### 9.3.2　认识 74LS192

74LS192 是中规模集成同步十进制可逆计数器，具有加法计数和减法计数双功能，分别由加法计数脉冲和减法计数脉冲控制，并具有异步清零和异步预置数功能。74LS192 引脚如图 9-20 所示。

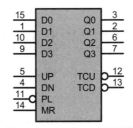

图 9-20　74LS192 引脚图

1. 74LS192 引脚功能

（1）UP：加计数端

（2）DN：减计数端

（3）Q0～Q3：数据输出端

（4）MR：清零端

（5）$\overline{PL}$：置数端

（6）D0～D3：计数器输入端

（7）$\overline{TCU}$：非同步进位输出端

（8）$\overline{TCD}$：非同步借位输出端

2. 74LS192 功能表

74LS192 的功能如表 9-2 所示。

表 9-2　74LS192 功能表

| MR | $\overline{PL}$ | UP | DN | D3 | D2 | D1 | D0 | Q3 Q2 Q1 Q0 |
|---|---|---|---|---|---|---|---|---|
| 1 | × | × | × | × | × | × | × | 0　0　0　0 |
| 0 | 0 | × | × | D | C | B | A | D　C　B　A |
| 0 | 1 | ↑ | 1 | × | × | × | × | 加计数 |
| 0 | 1 | 1 | ↑ | × | × | × | × | 减计数 |
| 0 | 1 | 1 | 1 | × | × | × | × | 保持 |

（1）异步清零：74LS192 的输入端异步清零信号 MR，高电平有效。仅当 MR=1 时，计数器输出清零，与其他控制状态无关，见功能表的第一行。

（2）异步置数控制：$\overline{PL}$ 为异步置数控制端，低电平有效。当 MR=0、$\overline{PL}$=0 时，Q0=D0，Q1=D1，Q2=D2，Q3=D3 被置数，不受 CP 控制，见功能表第二行。

（3）加法计数器：当 MR 和 $\overline{PL}$ 均无有效输入时，即当 MR=0、$\overline{PL}$=1，而减法计数器输入端 DN 为高电平，计数脉冲从加法计数端 UP 输入时，进行加法计数；当 DN 和 UP 条件互换时，则进行减法计数，见功能表第三、四行。

（4）保持：当 MR=0、$\overline{PL}$=1（无有效输入），且当 DN=UP=1 时，计数器处于保持状态，见功能表第五行。

# 9.4　【技能拓展】 异步计数器 74LS90 应用

### 9.4.1　认识 74LS90

74LS90 为中规模 TTL 集成计数器，可实现二分频、五分频和十分频等功能，是一种中规模二－五进制计数器，它由一个二进制计数器和一个五进制计数器构成。74LS90 引脚如图 9-21 所示。

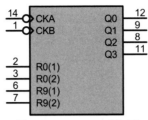

图 9-21　74LS90 引脚图

1. 74LS90 引脚功能

（1）直接清零：当 R0(1)=R0(2)=1，R9(1)=R9(2)=0 时，各触发器同时清零，计数器实现异步清零功能。

（2）异步置 9：当 R9(1)=R9(2)=1，可使计数器实现异步置 9 的功能，根据芯片外围电路连接不同，又有 8421 和 5421 之分。

（3）计数：当 R0(1)=R0(2)=0，R9(1)=R9(2)=0，根据 CKA、CKB 不同的接法，对输入计数脉冲可进行二－五－十进制计数。

若在 CKA 端输入计数脉冲，Q0 作为输出，可实现一位二进制计数（即模 2 计数）功能。

若在 CKB 端输入计数脉冲，Q3Q2Q1 作为输出，即可实现五进制计数的功能。

若在 CKA 端输入计数脉冲，并将 Q0 和 CKB 连接，Q3Q2Q1Q0 输出，其中 Q3 最高位，Q0 最低位，则可实现 8421BCD 码计数器的功能。

若在 CKB 端输入计数脉冲，并将 Q3 和 CKA 连接，Q0Q3Q2Q1 输出，其中 Q0 最高位，Q1 最低位，则可实现 5421BCD 码计数器的功能。

2. 74LS90 功能表

74LS90 的功能如表 9-3 所示。

表 9-3　74LS90 功能表

| R0(1) | R0(2) | R9(1) | R9(2) | Q3 | Q2 | Q1 | Q0 |
|---|---|---|---|---|---|---|---|
| 1 | 1 | 0 | × | 0 | 0 | 0 | 0 |
| 1 | 1 | × | 0 | 0 | 0 | 0 | 0 |
| × | × | 1 | 1 | 1 | 0 | 0 | 1 |
| × | 0 | × | 0 | COUNT | | | |
| 0 | × | 0 | × | COUNT | | | |
| 0 | × | × | 0 | COUNT | | | |
| × | 0 | 0 | × | COUNT | | | |

#### 9.4.2　74LS90 应用

74LS90 可以实现二进制、五进制和十进制计数，其输出端外接数码管也可以作为各类计数显示器的单元电路来使用。采用反馈清零法在 8421BCD 码十进制计数器基础上可以实现 N 进制计数器。图 9-22 是 74LS90 构成的 0-9 计数器，在 CP 脉冲信号作用下，74LS90 输出 8421BCD 码，并在 0000-1001 范围内循环输出。把 74LS90 输出结果送入 74LS48 驱动数码管显示 0-9。

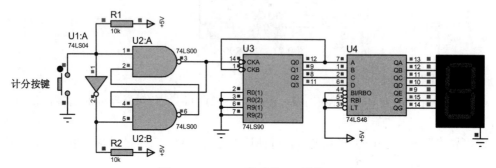

图 9-22　74LS90 构成的 0-9 计数器

#### 【技能训练 9–4】　使用 74LS90 实现 0–5 计数显示

1. 0-5 计数显示设计

在 9.4.2 节的 74LS90 构成的 0-9 计数器基础上，把输出端 Q2、Q1 经过 74LS08 与门送入计数器清零控制端。74LS90 异步清零，实现 N（N=6）进制计数器，则将 N 的二进制状态反馈至清零端，由于 74LS90 异步清零需要高电平，故输出端与清零端利用与门进行控制。0-5 计数显示设计如图 9-23 所示。

运行 Proteus 软件，新建"0-5 计数显示"设计文件。按图 9-23 所示放置并编辑 74LS00、74LS04、74LS08、74LS90、74LS48、7SEG-COM-CATHODE、RES 等元器件。完成 0-5 计数显示设计后，进行电气规则检测。

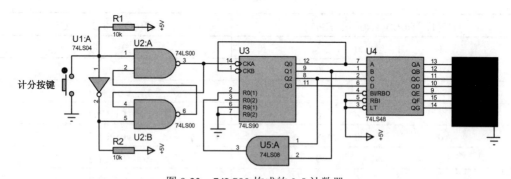

图 9-23　74LS90 构成的 0-5 计数器

2．0-5 计数显示仿真运行调试

（1）运行 Proteus 软件，打开 0-5 计数显示。

（2）单击工具栏的"运行"按钮 ▶，手动控制"计分按键"4 次，74LS90 输出端 Q3Q2Q1Q0 为 0100，送入 74LS48，由共阴极数码管显示"4"，仿真运行结果如图 9-24 所示。

通过仿真可得 74LS90 对 $CP$ 脉冲按照自然二进制码（0000-0101）循环计数（即实现六进制加法计数），数码管能从 0-5 依次显示，周而复始循环，实现工作任务要求。

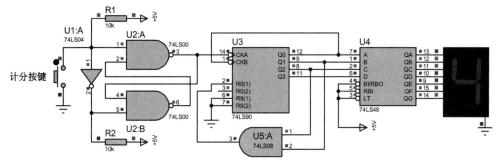

图 9-24　74LS90 构成的 0-5 计数器运行调试

## 关键知识点小结

1．74LS160 同步十进制加法计数器

（1）异步清零：当 $\overline{MR}$ =0 时，Q0＝Q1＝Q2＝Q3＝0。即 $\overline{MR}$ 端输入低电平，不受 CLK 控制，输出端立即全部为"0"。

（2）同步预置：74LS160 具有同步预置功能，当 $\overline{MR}$ =1、$\overline{LOAD}$ =0 时，在时钟脉冲 CLK 上升沿作用下，Q0＝D0，Q1＝D1，Q2＝D2，Q3＝D3。即在 $\overline{MR}$ 端无效、$\overline{LOAD}$ 端输入低电平时，在时钟共同作用下，CLK 上跳后计数器状态等于预置输入 DCBA。

（3）锁存：当 ENT=0 或 ENP=0 时，计数器禁止计数，为锁存状态。当 $\overline{MR}$ 和 $\overline{LOAD}$ 都无效时，ENT 或 ENP 任意一个为低电平，计数器处于保持功能，即输出状态不变。

（4）计数：当使能端 $\overline{MR}$ ＝$\overline{LOAD}$ ＝ENP=ENT=1 时，为计数状态，计数器对 $CP$ 脉冲按照自然二进制码（0000-1001）循环计数（$CP$ 上升沿翻转）。当计数状态达到 1001 时，RCO=1，产生进位信号。

2．构成任意进制常用方法

（1）反馈清零法

反馈清零法是将原为 M 进制的计数器，利用计数器的清零端，得到 N 进制计数器。当计数器从初始置零状态计入 N 个计数脉冲后，将 N 的二进制状态反馈至清零端，使计数器强制清零、复位，再开始下一计数循环。计数器跳过（M-N）个状态，得到 N 进制计数器（M>N）。

（2）反馈置数法

采用置位法构成 N 进制计数器电路，计数器必须具有预置数功能。其方法是：利用预置数功能端，使计数过程中跳过（M-N）个状态，强行置入某一设置数，当下一个计数脉冲输入时，电路从该状态开始下一循环。

3. 计数器级联

（1）接成串联进位式特点：外加时钟接入低位计数器的时钟输入端，低位计数器进位输出端或输出端信号作为高位计数器的时钟信号。

（2）接成并联进位式特点：外加时钟同时接各片计数器的时钟输入端，各片计数器同时工作；用低位计数器进位信号控制高位计数器的计数控制输入端，只有低位有效进位信号送达后，高位计数器才能开始工作。

4. 74LS192 同步十进制可逆计数器

（1）异步清零：74LS192 的输入端异步清零信号 MR，高电平有效。仅当 MR=1 时，计数器输出清零，与其他控制状态无关。

（2）异步置数控制：$\overline{PL}$ 为异步置数控制端，低电平有效。当 MR=0、$\overline{PL}$=0 时，Q0=D0，Q1=D1，Q2=D2，Q3=D3 被置数，不受 CP 控制。

（3）加法计数器：当 MR 和 PL 均无有效输入时，即当 MR=0、$\overline{PL}$=1，而减法计数器输入端 DN 为高电平，计数脉冲从加法计数端 UP 输入时，进行加法计数；当 DN 和 UP 条件互换时，则进行减法计数。

（4）保持：当 MR=0、$\overline{PL}$=1（无有效输入），且当 DN=UP=1 时，计数器处于保持状态。

5. 74LS90 异步加法计数器

74LS90 为中规模 TTL 集成计数器，可实现二分频、五分频和十分频等功能，是一种中规模二－五进制计数器，它由一个二进制计数器和一个五进制计数器构成。

（1）直接清零：当 R0(1)=R0(2)=1，R9(1)=R9(2)=0 时，各触发器同时清零，计数器实现异步清零功能。

（2）异步置 9：当 R9(1)=R9(2)=1，可使计数器实现异步置 9 的功能，根据芯片外围电路连接不同，又有 8421 和 5421 之分。

（3）计数：当 R0(1)=R0(2)=0，R9(1)=R9(2)=0，根据 CKA、CKB 不同的接法，对输入计数脉冲可进行二－五－十进制计数。

若在 CKA 端输入计数脉冲，Q0 作为输出，可实现一位二进制计数（即模 2 计数）功能。

若在 CKB 端输入计数脉冲，Q3Q2Q1 作为输出，即可实现五进制计数的功能。

若在 CKA 端输入计数脉冲，并将 Q0 和 CKB 连接，Q3Q2Q1Q0 输出，其中 Q3 最高位，Q0 最低位，则可实现 8421BCD 码计数器的功能。

若在 CKB 端输入计数脉冲，并将 Q3 和 CKA 连接，Q0Q3Q2Q1 输出，其中 Q0 最高位，Q1 最低位，则可实现 5421BCD 码计数器的功能。

**问题与讨论**

9-1　试一试能否将图 9-5 中 U5:A（74LS00）用 74LS04 代替？是否还能实现一位（0-3）计分器。

9-2　试一试如何在图 9-5 基础上，利用同步并行置入端和并行输入数据端实现"清零"功能？

9-3　试用 74LS160 连接成计数长度 M=8 的计数器，可采用几种方法？并完成八进制计数器设计、仿真运行调试。

9-4　试用反馈置数法实现两片 74LS160 和门电路构成 24 进制计数器。试完成电路设计与仿真运行调试。

9-5　试用两片 74LS160 连接成串联进位式 30 进制计数器，试完成电路设计与仿真运行调试。

9-6　试用两片 74LS160 连接成并联进位式 30 进制计数器，试完成电路设计与仿真运行调试。

9-7　试用 74LS192 连接成六进制加法计数器，可采用几种方法？并完成六进制计数器设计、仿真运行调试。

9-8　试用两片 74LS192 连接成串联进位式 30 秒倒计时，试完成电路设计与仿真运行调试。

9-9　试用两片 74LS192 连接成并联进位式 30 秒倒计时，试完成电路设计与仿真运行调试。

9-10　试用 74LS90 连接成 8421BCD 码和 5421BCD 码八进制计数器，完成八进制计数器设计、仿真运行调试。

# 10

# 触摸式声光防盗报警器设计与实现

## 10.1　工作模块 22　触摸式声光防盗报警器

使用 555 定时器构成单稳态触发器，实现触摸式声光防盗报警器。要求单稳态触发器接收到外接触发信号后提供高电平，送入三极管驱动声光报警装置工作。当外接触发信号消失后，

声光报警信号能延迟工作一段时间。

### 10.1.1　用 Proteus 设计触摸式声光防盗报警器

**1．触摸式声光防盗报警器设计**

按照工作任务要求，触摸式声光防盗报警器由单稳态触发器、触摸开关、声光报警装置组成。触摸式声光防盗报警器如图 10-1 所示。

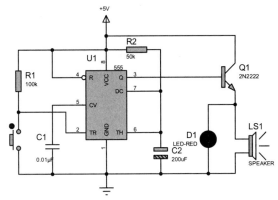

图 10-1　触摸式声光防盗报警电路图

单稳态触发器由 555 定时器和 RC 定时元件构成，手动控制开关（由 BUTTON 代替触摸电极）为单稳态触发器提供触发信号。利用常用三极管驱动扬声器和发光二极管构成声光报警装置。

运行 Proteus 软件，新建"触摸式声光防盗报警器"设计文件。按照图 10-1 所示，放置并编辑集成运放 555、CAP、CAP-ELEC、RES、BUTTON、LED-RED、2N2222、SPEAKER 等元器件。设计触摸式声光防盗报警器后，进行电气规则检测。

**2．触摸式声光防盗报警器仿真运行调试**

（1）运行 Proteus 软件，打开触摸式声光防盗报警器。

（2）首先触摸开关处于断开状态，表示没有人触及触摸电极。单击工具栏的"运行"按钮■▶，扬声器、发光二极管均未工作。此时，没有外加触发信号的作用（开关断开），电路始终处于稳态，555 输出为低电平，Q1 处于截止状态，声光报警装置均不具备工作条件。仿真运行结果如图 10-2 所示。

（3）闭合触摸开关，表示有人触及触摸电极。此时，在外加触发器信号的作用下，电路能从稳态翻转到暂稳态。555 输出为高电平，Q1 处于饱和导通状态，声光报警装置均具备工作条件。仿真运行结果如图 10-3 所示。当触摸开关再次断开后，由于外加触发器信号消失，经过一段时间后，又能自动返回原来所处的稳态，即返回到步骤（2）所仿真的状态。

其中从暂稳态返回到暂态的时间取决于电阻 R2 和电容 C2 参数大小，读者可以改变其参数大小，从而调整声光报警装置工作时间长短。该报警器可以用于触摸报时、触摸控制等。

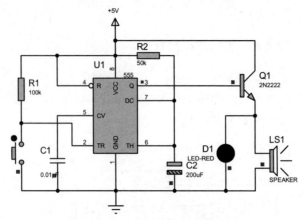

图 10-2　触摸前报警器运行调试

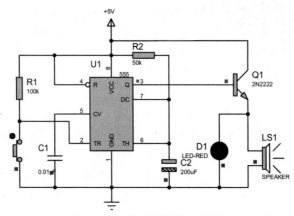

图 10-3　触摸后报警器运行调试

### 10.1.2　认识单稳态触发器

　　单稳态触发器就是只有一个稳态和一个暂稳态的触发器。所谓稳态是在无外加信号的情况下，电路能长久保持的状态，稳态时，电路中电流和电压是不变的。暂稳态是一个不能长久保持的状态，暂稳态期间，电路中一些电压和电流会随着电容器的充电和放电发生变化。

　　单稳态触发器的特点是：没有外加触发信号的作用，电路始终处于稳态；在外加触发器信号的作用下，电路能从稳态翻转到暂稳态，经过一段时间后，又能自动返回原来所处的稳态。电路处于暂稳态的时间通常取决于 RC 电路的充、放电时间，这个时间等于单稳态触发器输出脉冲的宽度 tpo，与触发信号无关。所以，单稳态触发器在外加触发脉冲信号的作用下，能够产生具有一定宽度和一定幅度的矩形脉冲信号。单稳态触发器属于脉冲整形电路，常用于脉冲波形的整形、定时和延时。

1. 单稳态触发器电路组成

如图 10-4 所示，其中 R2、C2 为单稳态触发器的定时元件，它们的连接点 Vc 与定时器的阈值输入端（6 脚）及输出端 Vo（7 脚）相连。单稳态触发器输出脉冲宽度 tpo=1.1R2C2。

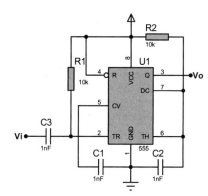

图 10-4　由 555 定时器构成的单稳态触发器

R1、C1 构成输入回路的微分环节，用以使输入信号 Vi 的负脉冲宽度 tpi 限制在允许的范围内，一般 tpi>5R1C1。通过微分环节，可使 Vi 的尖脉冲宽度小于单稳态触发器的输出脉冲宽度 tpo。若输入信号的负脉冲宽度 tpi 本来就小于 tpo，则微分环节可省略。

定时器复位输入端（4 脚）接高电平，控制输入端 Vi 通过 0.01uF 电容接地，定时器输出端 Vo（3 脚）作为单稳态触发器的单稳信号输出端。

2. 单稳态触发器工作原理

当输入 Vi 保持高电平时，C1 相当于断开。输入 Vi 由于 R1 的存在而为高电平 Vcc。

（1）若定时器原始状态为 0，则集电极输出（7 脚）导通接地，使电容 C2 放电、Vc=0，即输入 6 脚的信号低于 2/3Vcc，此时定时器维持 0 不变。

（2）若定时器原始状态为 1，则集电极输出（7 脚）对地断开，Vcc 经 R2 向 C2 充电，使 Vc 电位升高，待 Vc 值高于 2/3Vcc 时，定时器翻转为 0 态。

# 10.2　工作模块 23　压控式声光防盗报警器

使用 555 定时器构成多谐振荡器，实现压控式声光防盗报警器。要求压控开关闭合，多谐振荡器停止工作，声光报警装置不工作；压控开关断开，多谐振荡器输出脉冲信号，送入三极管驱动声光报警装置工作。

### 10.2.1 用 Proteus 设计压控式声光防盗报警器

压控式防盗报警器具有灵敏度高、性能稳定等特点，可用于家庭门窗、办公室保险柜等场所的防盗报警。

1. 压控式声光防盗报警器电路设计

按照工作任务要求，压控式声光防盗报警器由多谐振荡器、压控开关、声光报警装置组成。压控式声光防盗报警器如图 10-5 所示。

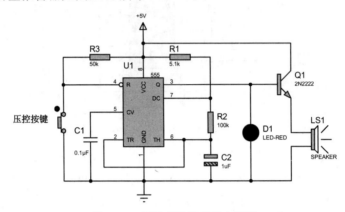

图 10-5 压控式防盗报警电路图

多谐振荡器由 555 定时器和 RC 定时元件构成，用 BUTTON 代替压控开关。如果有人非法搬起电视机、展览品等重物，压控开关断开，555 定时器管脚 4 获得高电平，多谐振荡器启动工作，输出脉冲信号，送入声光报警装置，扬声器和发光二极管具备工作条件。如果压控开关闭合时，555 定时器管脚 4 直接接低电平，多谐振荡器不工作，电路不能发出声光信号。

运行 Proteus 软件，新建"压控式声光防盗报警器"设计文件。按照图 10-5 所示，放置并编辑集成运放 555、CAP、CAP-ELEC、RES、BUTTON、LED-RED、2N2222、SPEAKER 等元器件。设计压控式声光防盗报警器后，进行电气规则检测。

2. 压控式声光防盗报警器仿真运行调试

（1）运行 Proteus 软件，打开压控式声光防盗报警器。

（2）首先闭合压控开关，表示没有人非法搬起电视机、展览品等重物。单击工具栏的"运行"按钮，扬声器、发光二极管均未工作。此时，555 定时器管脚 4 直接接低电平，多谐振荡器不工作，Q1 基极为低电平，其处于截止状态，声光报警装置均不具备工作条件。仿真运行结果如图 10-6 所示。

（3）断开压控开关，表示有人非法搬起电视机、展览品等重物。此时，555 定时器管脚 4 获得高电平，多谐振荡器满足工作条件，555 输出连续不断的方波信号，即 Q1 基极为高电平时，其处于饱和导通状态，蜂鸣器发出报警声，LED 指示灯点亮；相反，Q1 基极为低电平时，其处于截止状态，声光报警装置均不具备工作条件。仿真运行结果如图 10-7、图 10-8 所示。

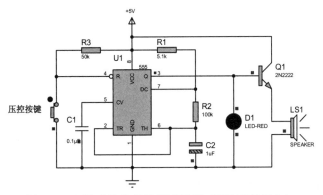

图 10-6　压控式防盗报警调试运行（压控开关闭合）

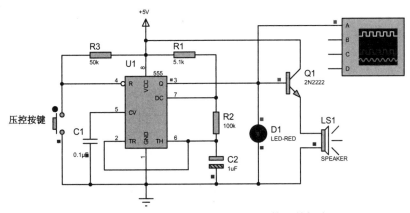

图 10-7　压控式防盗报警调试运行（压控开关闭合）

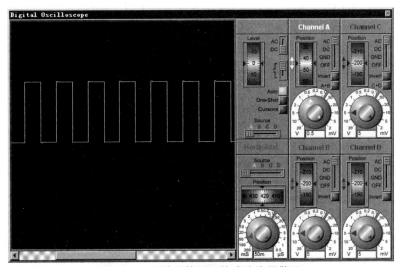

图 10-8　示波器检测压控式防盗报警器

## 10.2.2　认识多谐振荡器

多谐振荡器是一种自激振荡电路，没有稳定状态，只有两个暂态。电路工作时，无需外加触发信号，接通电源后，电路就能在两个暂稳态之间相互转换，自动产生矩形脉冲信号。由于矩形脉冲除基波外，还含有丰富的谐波分量，因此，常将矩形脉冲产生电路称作多谐振荡器。

### 1．多谐振荡器组成

如图 10-9 所示，其中电容 C2 经 R2、定时器的场效应管 V 构成放电回路，而电容 C2 的充电回路却由 R1 和 R2 串联组成。为了提高定时器的比较电路参考电压的稳定性，通常在 5脚与地之间接有 $0.1\mu F$ 的滤波电容，以消除干扰。

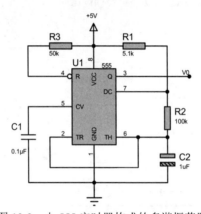

图 10-9　由 555 定时器构成的多谐振荡器

### 2．多谐振荡器工作原理

电源 $V_{CC}$（+5V）刚接通时，电容 C2 上的电压 Vc 为零，电路输出 Vo 为高电平，放电管V 截止，处于第 1 暂稳态。之后+5V 经 R1 和 R2 对 C 充电，使 $u_c$ 不断上升，当 Vc 上升到 Vc$\geqslant 2/3 V_{CC}$ 时，电路翻转置 0，输出 Vo 变为低电平，此时，放电管 V 由截止变为导通，进入第2 暂稳态。Vc 经 R2 和 V 开始放电，使 Vc 下降，当 Vc$\leqslant 1/3 V_{CC}$ 时，电路又翻转置 1，输出Vo 回到高电平，V 截止，回到第 1 暂稳态。然后，上述充、放电过程被再次重复，从而形成连续振荡。

### 【技能训练 10–1】　八路彩灯循环控制电路设计与实现

前面介绍了多谐振荡器电路组成和工作原理，那么如何利用多谐振荡器实现八路彩灯循环控制呢？

### 1．八路彩灯循环控制电路设计

图 10-10 所示电路由多谐振荡器、顺序脉冲发生器和显示电路组成，实现八路彩灯轮流点亮。利用计数器 74LS161 和 8-8 线译码器 74LS138 构成的 8 输出计数型顺序脉冲发生器，完

成对彩灯的流动或滚动循环控制。图 10-10 中采用 74LS161 进行计数，由于其计数周期为 16 进制，包含两个八进制，故只需将 74LS161 的低三位输出分别接至 74LS138 的地址输入端即可。随着计数器从 000-111 计数，改变 74LS138 输入端状态，从而控制其输出端 $\overline{Y_0}$ - $\overline{Y_7}$ 依次输出为低电平，实现脉冲顺序输出，并点亮对应的 LED。

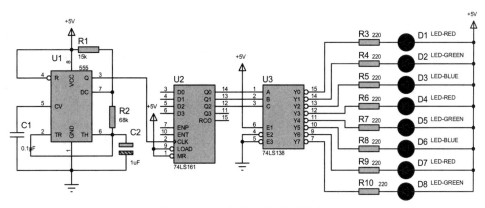

图 10-10　八路彩灯循环控制电路

运行 Proteus 软件，新建"八路彩灯循环控制电路"设计文件。按照图 10-10 所示，放置并编辑集成运放 555、CAP、CAP-ELEC、RES、74LS161、74LS138、LED-RED、LED-GREEN、LED-BLUE 等元器件。设计八路彩灯循环控制电路后，进行电气规则检测。

2. 八路彩灯循环控制仿真运行调试

（1）运行 Proteus 软件，打开八路彩灯循环控制电路。

（2）首先进行电路单步运行调试，第一次单击"运行"按钮 ⬛▶，74LS161 管脚 2（CLK）为低电平，输出端均为"0"，把 BCD 码"000"送入 74LS138 转换成十进制数"0"，通过 Y0 的"低电平"来表示，同时对应 D1 被点亮，如图 10-11 所示。

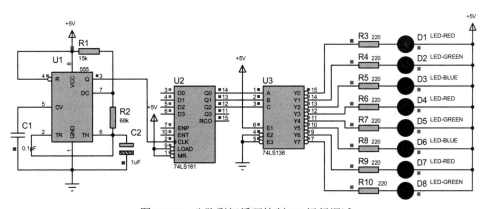

图 10-11　八路彩灯循环控制 D1 运行调试

第二次单击"运行"按钮，74LS161 管脚 2（CLK）为高电平（上升沿），输出端均为"001"，把 BCD 码"001"送入 74LS138 转换成十进制数"1"，通过输出端 Y1 的"低电平"来表示，同时对应 D2 被点亮，如图 10-12 所示。第三次单击"运行"按钮，74LS161 管脚 2（CLK）为低电平（下降沿），输出无变化，第四次单击"运行"按钮，74LS161 管脚 2（CLK）为高电平（上升沿），方可点亮 D3，依次类推，实现 LED 循环控制要求。

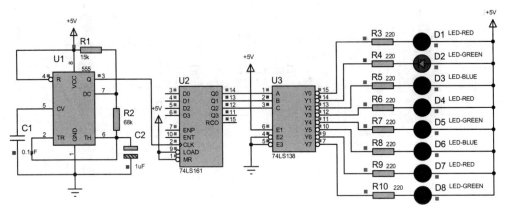

图 10-12　八路彩灯循环控制 D2 运行调试

（3）单片机全速运行仿真，单击工具栏的"运行"按钮，多谐振荡器管脚 3 输出端高低电平交替变化，送入 74LS161 管脚 2（CLK），其输出端 Q2Q1Q0 在 000-111 范围内循环变化，送入 74LS138 再把"000-111"的二进制数转换成"0-9"的十进制数送入 LED 控制电路，实现 LED 循环点亮的控制要求。

# 10.3　【技能拓展】 触摸式病床报警呼叫器设计与实现

## 工作任务

使用 555 定时器构成单稳态触发器和多谐振荡器，实现触摸式病床报警呼叫器。要求单稳态触发器接收到外接触发信号后提供高电平，送入多谐振荡器驱动声音报警装置工作。

1. 触摸式病床报警呼叫器设计

触摸式病床报警呼叫器是工作模块 22（单稳态触发器）的具体应用电路之一。按照工作任务要求，是对工作模块 22 和工作模块 23 进行综合应用，触摸式病床报警呼叫器由单稳态触发器、多谐振荡器、声音报警装置组成。触摸式病床报警呼叫器如图 10-13 所示。

运行 Proteus 软件，新建"触摸式病床报警呼叫器"设计文件。按照图 10-13 所示，放置并编辑集成运放 555、CAP、CAP-ELEC、RES、BUTTON、2N2222、SPEAKER、POT-HG 等

元器件。设计触摸式病床报警呼叫器后，进行电气规则检测。

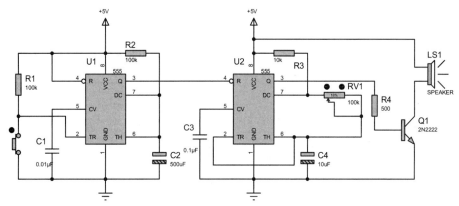

图 10-13　触摸式病床报警呼叫器电路图

2．电路仿真运行调试

（1）运行 Proteus 软件，打开触摸式病床报警呼叫器。

（2）首先触摸开关处于断开状态，表示没有病人呼叫（触及触摸电极）。单击工具栏的"运行"按钮 ▶，扬声器未工作。此时，没有外加触发信号的作用（开关断开），电路始终处于稳态，555（U1）输出为低电平，直接送入 555（U2）管脚 4，此时 U2 不工作，输出端显示为低电平，声音报警装置不工作。仿真运行结果如图 10-14 所示。

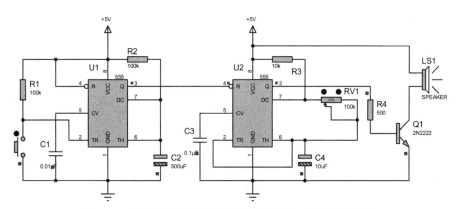

图 10-14　触摸式病床报警呼叫器运行调试（病人未呼叫）

（3）闭合触摸开关，表示有病人呼叫（触及触摸电极）。此时，在外加触发器信号的作用下，555（U1）电路能从稳态翻转到暂稳态，其输出为高电平，直接送入 555（U2）管脚 4，此时 U2 工作，其输出端高低电平交替变化，送入三极管驱动扬声器工作。仿真运行结果如图 10-15 所示。当触摸开关再次断开后，由于外加触发器信号消失，经过一段时间后，又能自动返回原来所处的稳态，即返回到步骤（2）所仿真的状态。

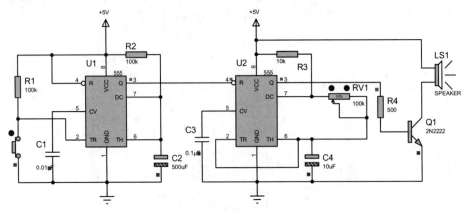

图 10-15　触摸式病床报警呼叫器运行调试（病人呼叫）

其中从暂稳态返回到暂态的时间取决于电阻 R2 和电容 C2 参数大小，读者可以改变其参数大小，从而调整声音报警装置工作时间长短；改变 RV1 阻值，可以改变 U2 输出脉冲信号的脉宽，从而调整扬声器工作、停止时间比例。

## 【技能训练 10–2】　球赛 30 秒定时器设计与实现

在工作模块 20 的两位球赛计分器中，在手动控制脉冲发生器实现两位计数显示，且具有启动和清零功能。如何在工作模块 20 的基础上，设计一个 30 秒定时器，并具有时间显示的功能？需设置外部操作开关，控制计时器的直接清零、启动和暂停/连续计时。

1. **球赛 30 秒定时器设计**

篮球赛计时器主要用于篮球比赛中一次进攻时间的计时，在此过程中如果防守方犯规则暂停计时，待重新发球后再继续计时。根据设计任务和要求，在工作模块 20 的基础上，主要进行外部触发信号的设计工作。个位计数器 74LS160（U6）管脚 9（CLK）输入脉冲由多谐振荡器、RS 触发器通过门电路控制实现，其中多谐振荡器为 30 秒定时器提供连续不断的脉冲信号；RS 触发器实现 30 秒定时器暂停、连续计时功能。球赛 30 秒定时器如图 10-16 所示。

运行 Proteus 软件，新建"球赛 30 秒定时器"设计文件。按照图 10-16 所示，放置并编辑集成运放 555、CAP、CAP-ELEC、RES、74LS160、74LS00、74LS04、74LS08、74LS48、SW-SPDT、7SEG-COM-CATHODE 等元器件。设计球赛 30 秒定时器后，进行电气规则检测。

2. **两位球赛计分器电路仿真运行调试**

（1）运行 Proteus 软件，打开球赛 30 秒定时器。

（2）首先把 SW1 置于"清零"端，单击工具栏的"运行"按钮，数码管显示为"00"。此时，多谐振荡器管脚 3（Q）、74LS08（U7:A）管脚 1、74LS160（U7:A）管脚 2（CLK）均为高、低电平交替变化，但由于个位、十位计数器的管脚 1（MR）均接低电平，74LS160 实现清零功能，两组输出端 Q3Q2Q1Q0 均为 0000，即电路实现了清零功能。仿真运行结果如图 10-17 所示。

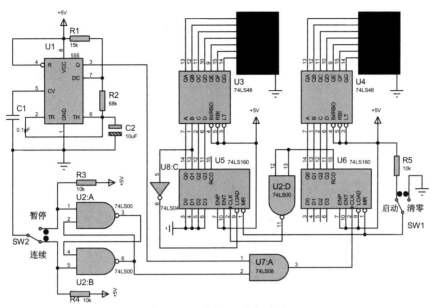

图 10-16　球赛 30 秒定时器

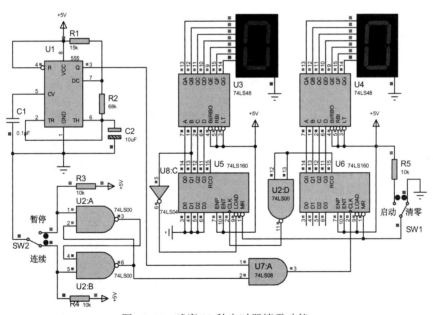

图 10-17　球赛 30 秒定时器清零功能

（3）把 SW1 置于"启动"端，个位、十位计数器 74LS160 管脚 1（MR）均接高电平，此时其具有计数功能。多谐振荡器管脚 3（Q）为 74LS160（U7:A）管脚 2（CLK）提供连续变化的脉冲信号，可实现数码管从 00-29 依次显示，通过仿真，数码管在 00-29 范围内周而复始循环，实现 30 秒定时器工作任务要求。仿真运行结果如图 10-18 所示。

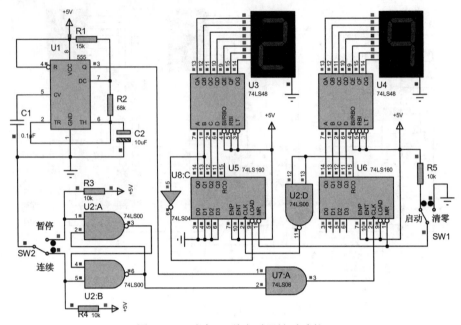

图 10-18 球赛 30 秒定时器计时功能

当 SW2 置于"暂停"端，基本 RS 触发器管脚 5 为高电平，管脚 1 为低电平，其管脚 6 输出低电平（实现清零功能），低电平经过与门直接送入 74LS160（U7:A）管脚 2（CLK）保持不变，因没有上升沿导致计数器保持原状态不变，即输出始终为"18"，如图 10-19 所示。

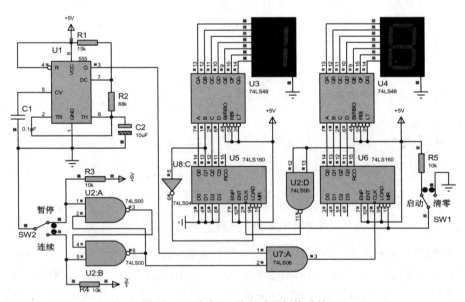

图 10-19 球赛 30 秒定时器暂停功能

当 SW2 置于"连续"端，基本 RS 触发器管脚 1 为高电平，管脚 5 为低电平，其管脚 6 输出高电平（实现置数功能），高电平送入与门，此时与门输出端逻辑信号取决于多谐振荡器产生的脉冲信号，因 74LS160（U7:A）管脚 2（CLK）能得到脉冲信号，继续在"18"基础上累计脉冲个数，实现连续计时功能，如图 10-20 所示。

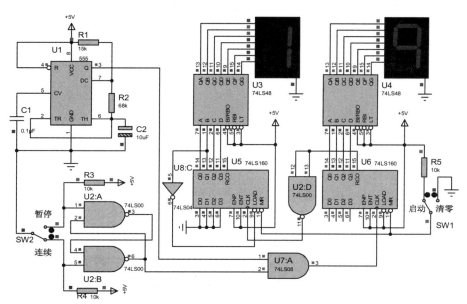

图 10-20　球赛 30 秒定时器连续计时功能

 关键知识点小结

1. 单稳态触发器特点

单稳态触发器是只有一个稳态和一个暂稳态的触发器。稳态是在无外加信号的情况下，电路能长久保持的状态，稳态时，电路中电流和电压是不变的。暂稳态是一个不能长久保持的状态，暂稳态期间，电路中一些电压和电流会随着电容器的充电和放电发生变化。电路处于暂稳态的时间通常取决于 RC 电路的充、放电的时间，这个时间等于单稳态触发器输出脉冲的宽度 tpo，与触发信号无关。

2. 单稳态触发器工作原理

当输入 Vi 保持高电平时，C1 相当于断开。输入 Vi 由于 R1 的存在而为高电平 Vcc。

（1）若定时器原始状态为 0，则集电极输出（7 脚）导通接地，使电容 C2 放电、Vc=0，即输入 6 脚的信号低于 2/3Vcc，此时定时器维持 0 不变。

（2）若定时器原始状态为 1，则集电极输出（7 脚）对地断开，Vcc 经 R2 向 C2 充电，使 Vc 电位升高，待 Vc 值高于 2/3Vcc 时，定时器翻转为 0 态。

**3. 多谐振荡器特点**

多谐振荡器是一种自激振荡电路，它没有稳定状态，只有两个暂态。电路工作时，无需外加触发信号，接通电源后，电路就能在两个暂稳态之间相互转换，自动产生矩形脉冲信号。

**4. 多谐振荡器工作原理**

电源 $V_{CC}$（+5V）刚接通时，电容 C2 上的电压 Vc 为零，电路输出 Vo 为高电平，放电管 V 截止，处于第 1 暂稳态。之后+5V 经 R1 和 R2 对 C 充电，使 $u_c$ 不断上升，当 Vc 上升到 Vc ≥2/3$V_{CC}$ 时，电路翻转置 0，输出 Vo 变为低电平，此时，放电管 V 由截止变为导通，进入第 2 暂稳态。Vc 经 R2 和 V 开始放电，使 Vc 下降，当 Vc≤1/3$V_{CC}$ 时，电路又翻转置 1，输出 Vo 回到高电平，V 截止，回到第 1 暂稳态。然后，上述充、放电过程被再次重复，从而形成连续振荡。

 **问题与讨论**

10-1　试一试在图 10-5 电路基础上如何改进能够实现断线式防盗报警器？

10-2　试一试在图 10-10 电路基础上如何改进能够驱动 8 路共阴极 LED？

10-3　改变图 10-15 电阻 R2 和电容 C2 参数大小，试用示波器检测声音报警装置工作时间变化情况？

10-4　改变图 10-15 电阻器 RV1 阻值大小，试用示波器检测声音报警装置工作、停止时间比例变化情况？

10-5　试一试在图 10-16 电路基础上如何改进能够实现 60 秒定时器？

10-6　试一试在图 10-16 电路基础上如何改进能够实现 60 秒倒计时？

# 11

# 温度检测电路设计与实现

## 终极目标

　　能完成模数转换器 ADC0808 与温度检测信号处理电路连接，能完成温度检测电路设计，能完成温度检测设计、运行及调试。

## 促成目标

1. 掌握 A/D、D/A 转换的概念；
2. 掌握 ADC0808/ADC0809、DAC0832 的功能及应用；
3. 掌握 ADC0808/ADC0809、DAC0832 与信号处理电路的连接；
4. 会利用压控恒流源实现温度检测采集电路设计、运行及调试；

## 11.1　工作模块 24　温度检测采集电路设计

　　使用集成运算放大器构成恒流源，实现恒流四线制的 PT100 温度检测采集电路。要求恒

流源提供 1mA 直流电流，送入四线制的 PT100，把温度转换成电信号输出。

### 11.1.1 认识 PT100

铂电阻温度传感器产品采用日本林电工 HAYASHI DENKO 原装薄膜铂电阻元件精心制作而成，金属铂（Pt）的电阻值随温度变化而变化，并且具有很好的重现性和稳定性。目前市场上已有用金属铂制作成的标准测温热电阻，如 PT100、PT500、PT1000 等。通常使用的铂电阻温度传感器 PT100 零度阻值为 100Ω，电阻变化率为 0.3851Ω/℃。

铂电阻温度传感器精度高，稳定性好，可靠性强，应用温度范围广，适用于工业自动化测量及各种实验仪器仪表，是中低温区（-200～650℃）最常用的一种温度检测器，不仅广泛应用于工业测温，而且被制成各种标准温度计（涵盖国家和世界基准温度）供计量和校准使用。

**1. PT100 引脚功能**

PT100 的引脚如图 11-1 所示，其中 E+、E-（供电回路）为热电阻提供恒定电流 I，S+、S-（电压测量回路）把热电阻转换成电压信号 U 引至后续电路或二次仪表，用来检测热电阻的电压变化，再依次检测温度变化。其实上面两个在内部是连在一起的，下面两个也是连在一起的。4 线铂电阻完全可以并接，作为 2 线或 3 线使用，可以把它看成一个电阻，根据实际需要接入电路。

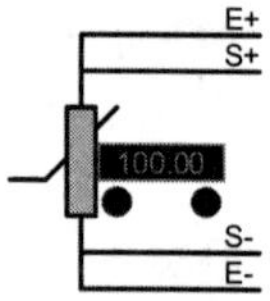

图 11-1 中所示 PT100 上面的显示值是默认温度值（100℃），单击红色箭头即可增减温度值。

图 11-1　PT100 引脚图

**2. PT100 分度表**

PT100 是铂热电阻，它的阻值会随着温度的变化而改变。PT 后的 100 即表示它在 0℃ 时阻值为 100Ω，在 100℃时阻值约为 138.5 Ω，它的阻值会随着温度上升而呈近似匀速的增长，但它们之间的关系并不是简单的正比关系，而更应该趋近于一条抛物线。不同温度值下传感器阻值之间的关系详见 PT100 分度表，因篇幅受限，本书不加以介绍，请读者自行查阅。

**3. PT100 接线方式**

PT100 热电阻接线主要有三种方式：二线制，三线制，四线制。

（1）二线制：在热电阻的两端各连接一根导线来引出电阻信号的方式叫二线制，这种引线方法很简单，但由于连接导线必然存在引线电阻 r，r 大小与导线的材质和长度的因素有关，因此这种引线方式只适用于测量精度较低的场合。

（2）三线制：在热电阻的根部的一端连接一根引线，另一端连接两根引线的方式称为三线制，这种方式通常与电桥配套使用，可以较好地消除引线电阻的影响，是工业过程控制中最常用的方式。

（3）四线制：在热电阻的根部两端各连接两根导线的方式称为四线制，其中两根引线为热电阻提供恒定电流 I，把 R 转换成电压信号 U，再通过另两根引线把 U 引至二次仪表。可见这种引线方式可完全消除引线的电阻影响，主要用于高精度的温度检测。

连接导线的电阻和接触电阻会对 PT100 铂电阻测温精度产生较大影响，铂电阻三线制或者四线制接线方式能有效消除这种影响。二线制和三线制是用电桥法测量，最后给出的是温度值与模拟量输出值的关系。四线制没有电桥，完全只是用恒流源发送，电压计测量，最后给出测量电阻值，本电路采用的是四线制接法。

### 11.1.2　PT100 温度检测采集

本项目采用恒流四线制的 PT100 测温电路，包括恒流源驱动电路、PT100 铂电阻传感器的四线制接口两部分。

**1. 温度检测采集电路设计**

运用恒流源电路，将恒流源通过温度传感器，使得电压输出与电阻成良好的线性关系，温度传感器两端的电压即反映温度的变化，本系统采用恒流源电路来获取温度信号。恒流源电路的设计，有用三极管构成的，有用专门恒流管的，也有用价格低廉的器件通过比较巧妙的设计构成的。本系统是采用价格低廉的运放为核心来构成的，恒流效果十分理想，温度检测采集电路如图 11-2 所示。

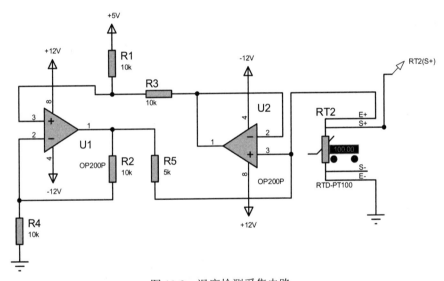

图 11-2　温度检测采集电路

运行 Proteus 软件，新建"温度检测采集"设计文件。按照图 11-2 所示，放置并编辑集成运放 OP200P、RES、RTD-PT100 等元器件。设计温度检测采集后，进行电气规则检测。

**2. 温度检测采集电路仿真**

（1）运行 Proteus 软件，打开温度检测采集电路。

（2）单击工具栏"运行"按钮 ，通过电流探棒 U2（POS-IP）可以看出，该电路可以实现 1mA 恒流输出，恒流源仿真电路如图 11-3 所示。

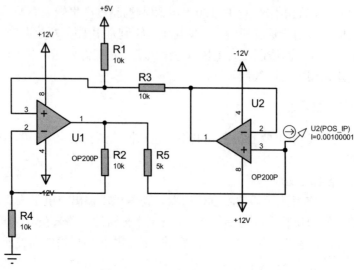

图 11-3　Pt100 恒流源仿真电路

（3）接入 RTD-PT100，单击工具栏"运行"按钮，由于 RTD-PT100 默认温度为 100 ℃，通过电压探棒 RT2（S+）可以看出，V=0.139504V。根据 PT100 分度表，可知 PT100 温度为 100℃时，其阻值应为 138.51Ω。根据欧姆定律可得：V=IR=0.001*138.51=0.13851，约等于仿真输出结果，说明设计电路是可行的。如图 11-4 所示，为了进一步验证电路可行性，分别改变 PT100 温度从-200～660℃，记录 PT100 转换输出的电压信号值，详见表 11-1 所示（限于篇幅，只记录-200～200℃之间输出结果）。

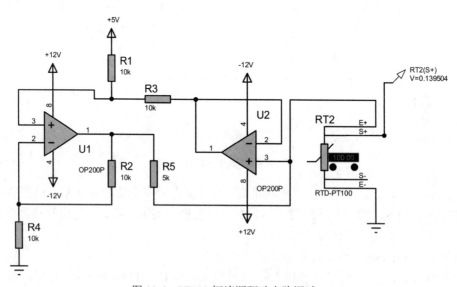

图 11-4　PT100 恒流源驱动电路调试

表 11-1　PT100 恒流源驱动电路调试输出结果

| 温度（℃） | 电阻值（Ω） | 输出电压（V） | 温度（℃） | 电阻值（Ω） | 输出电压（V） |
|---|---|---|---|---|---|
| -200 | 18.52 | 0.1914 | 0 | 100 | 0.1010 |
| -190 | 22.83 | 0.2325 | 10 | 103.9 | 0.1043 |
| -180 | 27.1 | 0.2819 | 20 | 107.79 | 0.1081 |
| -170 | 31.34 | 0.3244 | 30 | 111.67 | 0.1122 |
| -160 | 35.54 | 0.3660 | 40 | 115.54 | 0.1164 |
| -150 | 39.72 | 0.4130 | 50 | 119.4 | 0.1197 |
| -140 | 43.88 | 0.4431 | 60 | 123.24 | 0.1243 |
| -130 | 48 | 0.4928 | 70 | 127.08 | 0.1280 |
| -120 | 52.11 | 0.5326 | 80 | 130.9 | 0.1311 |
| -110 | 56.19 | 0.5722 | 90 | 134.71 | 0.1352 |
| -100 | 60.26 | 0.6132 | 100 | 138.51 | 0.1395 |
| -90 | 64.3 | 0.6524 | 110 | 142.29 | 0.1433 |
| -80 | 68.33 | 0.6913 | 120 | 146.07 | 0.1471 |
| -70 | 72.33 | 0.7314 | 130 | 149.83 | 0.1510 |
| -60 | 76.33 | 0.7715 | 140 | 153.58 | 0.1546 |
| -50 | 80.31 | 0.8124 | 150 | 157.33 | 0.1581 |
| -40 | 84.27 | 0.8532 | 160 | 161.05 | 0.1621 |
| -30 | 88.22 | 0.8951 | 170 | 164.77 | 0.1652 |
| -20 | 92.16 | 0.0934 | 180 | 168.48 | 0.1690 |
| -10 | 96.09 | 0.0971 | 190 | 172.17 | 0.1732 |
| 0 | 100 | 0.1010 | 200 | 175.86 | 0.1761 |

# 11.2　工作模块 25　温度检测信号处理电路

工作任务

　　使用集成运算放大器构成仪用放大器和反相运算放大器，实现温度检测信号处理，满足模数转换要求。

### 11.2.1 温度检测信号处理电路

温度检测信号处理电路包括仪用放大器和反向比例放大器两部分。

1. 温度检测信号处理电路设计

仪用放大器由三只运算放大器组成，如图 11-5 所示，图中 U3、U4 构成同相放大器，U5 为差动放大电路。

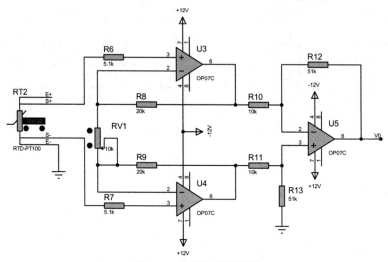

图 11-5　仪用放大器设计

反向比例放大器的作用：由于仪用放大器输出为负值，A/D 转换电路无法识别，根据实际需要，把仪用放大器输出送入反向比例放大器反向输出，实现负值转换成正值，送入 A/D 转换器。反向比例放大器由 U6 和外围元器件构成，如图 11-6 所示。

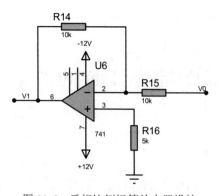

图 11-6　反相比例运算放大器设计

运行 Proteus 软件，新建"温度检测信号处理电路"设计文件。按照图 11-5 和图 11-6 所示，放置并编辑集成运放 OP200P、RES、RTD-PT100 等元器件。设计温度检测信号处理电路后，进行电气规则检测。

**2. 温度检测信号处理电路仿真运行调试**

（1）运行 Proteus 软件，打开温度检测信号处理电路。

（2）单击工具栏"运行"按钮 ▶，通过电压探棒 U5（OP）可以看出仪用放大器输入电压为 0.139504V 时，输出电压为-3.53417V，实现温度检测信号放大处理任务。仿真电路如图 11-7 所示。

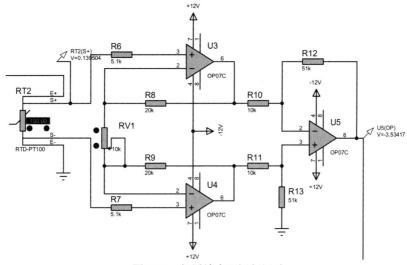

图 11-7　仪用放大器运行调试

（3）把仪用放大器输出端 $V_O$ 接入反相比例输入端。单击工具栏"运行"按钮 ▶，通过电压探棒 U6（OP）可以看出比例运算放大器输入电压为-3.53417 时，输出电压为 3.5364V，把转换后的数据直接送入 A/D 转换器进行处理。仿真电路如图 11-8 所示。

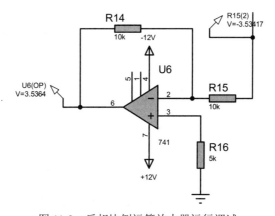

图 11-8　反相比例运算放大器运行调试

### 11.2.2 温度检测信号处理电路功能分析

（1）仪用放大器

仪用放大器的作用是将来自于传感器的信号变换成 A/D 转换器能识别的信号，作为本系统，由于温度传感器是热电阻 PT100，因此调理电路完成的是怎样将与温度有关的电阻信号变换成能被 A/D 转换器接受的电压信号。仪用放大器通常用来精确放大混有高共模电压（±10V 以下）的低电平信号。隔离仪用放大器可以在±10V 以上，甚至到 2000V 的共模电压下工作。

基本仪用放大器由三只运算放大器组成，如图 11-5 所示，图中 U3、U4 为同相放大器，差动输入信号加到两只同相放大器的同相输入端。U5 为差动放大电路，其作用是把 U3、U4 的输出信号进行差动放大。由于差动输入信号加到同相放大器的同相输入端，而同相放大器较反相放大器输入电阻高，因而放大器有较高的输入电阻。由于 U3、U4 的接法相同，两放大器的增益相同，两输入端对地的输入电阻相同，两放大器对应的同相端与反相端的偏流也相等。当运放的开环增益为无穷大时，放大器的同相输入端及反相输入端的电压相等，当 U3、U4 同相端加入共模电压时，RV1 无电流通过，即 U3、U4 对共模电压的增益永远为 1。通过 U5 的差动放大，便把共模电压抑制了，因而仪用放大器有较强抗共模电压能力。R8、R9、R10、R11 阻值的选择，不会影响放大器 U3、U4 因放大共模电压而饱和（因为它们的共模放大倍数永远为 1）。

仪用放大器的差模放大倍数为：

$$A = -\left(1 + \frac{2R_8}{RV1}\right) \cdot \frac{R_{12}}{R_{10}} \qquad （公式 11\text{-}1）$$

使用图 11-7 所示仿真运行电路所测数据，代入公式 11-1 得出该放大器放大倍数为-25。可以验证电路设计的正确性。

由于仪用放大电路输出电压为负值，A/D 转换器无法识别，故经过反向比例放大电路（U6 和外围元器件构成）完成负值转换正值。如图 11-8 所示，可以直接把转换后的数据送入 A/D 转换器进行处理。

# 11.3 工作模块 26 温度检测模数转换与显示

模拟量由温度检测处理电路产生，使用 ADC0808/0809 模数转换器，将温度检测处理电

路的模拟量（模拟电压）转换为数字量，把转换结果送到 8 个电压探针进行显示（即二进制显示）。

### 11.3.1　模数转换显示电路

1. 模数转换显示电路设计

该模块设计是通过模数转换器 ADC0808 对温度检测处理电路电压信号进行采集，并根据所采电压的大小来控制与 ADC0808 相连的 8 只电压探针输出信号。每只电压探针输出"SHI"代表二进制"1"、输出"SLO"代表二进制"0"。通过电压探针输出信号所表示的二进制的大小来反映温度检测处理电路电压信号的高低。

按照上述工作任务要求，模数转换显示电路由模数转换电路 ADC0808 和 8 个电压探针电路和脉冲信号源构成，如图 11-9 所示。

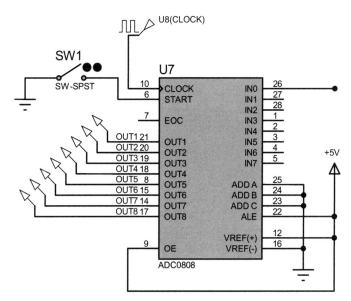

图 11-9　模数转换显示电路运行调试

运行 Proteus 软件，新建"模数转换显示电路"设计文件。按图 11-9 所示放置并编辑 ADC0808（模数转换器）、RES、SW-SPST 等元器件。完成模数转换显示电路设计后，进行电气规则检测。

2. 模数转换显示电路仿真运行调试

（1）运行 Proteus 软件，打开模数转换显示电路。

（2）单击工具栏"运行"按钮 ▶，图 11-8 所示电路的 U6（OP）输出电压信号（约等于 3.5364V）直接送入转换电路 IN0，利用 SW1 未闭合前，因管脚 6 没有有效下降沿，故

OUT6～OUT8 输出端均为低电平，如图 11-10 所示。

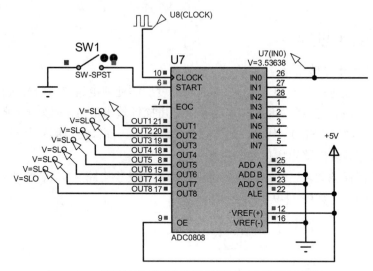

图 11-10  模数转换显示电路运行调试（未提供下降沿）

SW1 闭合，相当于给管脚 6 提供下降沿，即可把输入模拟信号转换成二进制代码输出，观察 OUT6～OUT8 输出端电压探针，即从高到低分别为：10110100，电路如图 11-11 所示。

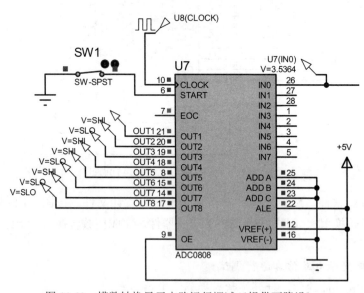

图 11-11  模数转换显示电路运行调试（提供下降沿）

表 11-2 记录其中几个典型电压值对应输出结果。

表 11-2　A/D 转换电路部分输出结果

| 输入 | 输出 | | | | | | | | 十进制 |
|---|---|---|---|---|---|---|---|---|---|
| | OUT1 | OUT2 | OUT3 | OUT4 | OUT5 | OUT6 | OUT7 | OUT8 | |
| 0 | 0 | 0 | 0 | 0 | 0 | 0 | 0 | 0 | 0 |
| 0.5 | 0 | 0 | 0 | 1 | 1 | 0 | 1 | 0 | 26 |
| 1 | 0 | 0 | 1 | 1 | 0 | 0 | 1 | 1 | 51 |
| 1.5 | 0 | 1 | 0 | 0 | 1 | 1 | 0 | 1 | 77 |
| 2 | 0 | 1 | 1 | 0 | 0 | 1 | 1 | 0 | 102 |
| 2.5 | 0 | 1 | 1 | 1 | 1 | 1 | 1 | 1 | 127 |
| 3 | 1 | 0 | 0 | 1 | 1 | 0 | 0 | 1 | 153 |
| 3.5 | 1 | 0 | 1 | 1 | 0 | 0 | 1 | 0 | 178 |
| 4 | 1 | 1 | 0 | 0 | 1 | 1 | 0 | 0 | 204 |
| 4.5 | 1 | 1 | 1 | 0 | 0 | 1 | 0 | 1 | 229 |
| 5 | 1 | 1 | 1 | 1 | 1 | 1 | 1 | 1 | 255 |

（3）温度检测电路运行调试。根据工作模块 24、工作模块 25 和工作模块 26 设计电路，完成温度检测电路运行调试，如图 11-12 所示。通过仿真运行调试，验证设计电路的正确性，并且 A/D 转换器输出结果可以直接送入单片机 I/O 端口。

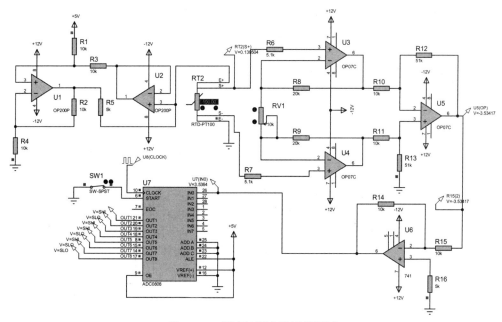

图 11-12　温度检测电路运行调试

### 11.3.2 认识 ADC0808

A/D 转换器是一种将模拟量转换为与之成比例的数字量的器件，用 ADC 表示。按转换原理可分为四种：计数式 A/D 转换器、双积分式 A/D 转换器、逐次逼近式 A/D 转换器和并行式 A/D 转换器。

**1. 常见的 A/D 转换器**

目前最常用的 A/D 转换器是双积分式 A/D 转换器和逐次逼近式 A/D 转换器。前者的主要优点是转换精度高，抗干扰性能好，价格便宜，但转换速度较慢，一般用于速度要求不高的场合。后者是一种速度较快、精度较高的转换器，其转换时间大约在几微秒到几百微秒之间。逐次逼近式 A/D 转换器在精度、速度和价格上比较适中，是目前最常用的 A/D 转换器。

单片集成逐次逼近式 A/D 转换器芯片主要有：ADC0801～0805（8 位，单通道输入），ADC0808/0809（8 位，8 输入通道），ADC0816/0817（8 位，16 输入通道）等。

**2. A/D 转换器 ADC0808/0809**

ADC0808/0809 是美国国家半导体（NS）公司生产的逐次逼近式 A/D 转换器，是目前单片机应用系统中使用最广泛的 A/D 转换器。ADC0809 主要特性有以下几个方面：

（1）8 路 8 位 A/D 转换器，即分辨率 8 位；

（2）具有转换起停控制端；

（3）转换时间为 100μs；

（4）单个+5V 电源供电；

（5）模拟输入电压范围 0～+5V，不需零点和满刻度校准；

（6）工作温度范围为-40～+85 摄氏度；

（7）低功耗，约 15mW。

**3. ADC0808/ADC0809 结构及引脚**

**（1）ADC0808/ADC0809 内部逻辑结构**

ADC0808/ADC0809 内部逻辑结构如图 11-13 所示，主要是由输入通道、逐次逼近式 A/D 转换器和三态输出锁存器三部分组成。

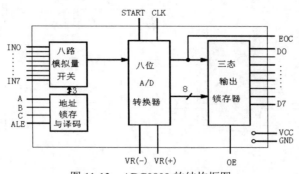

图 11-13 ADC0809 的结构框图

1）输入通道包括 8 路模拟量开关和地址锁存与译码电路。8 路模拟量开关分时选通 8 路模拟通道，由地址锁存与译码电路的三个输入 A、B、C 来确定选择哪一个通道，通道选择如表 11-3 所示。

表 11-3　通道选择表

| 地址码 CBA | 选择的通道 |
| --- | --- |
| 000 | IN0 |
| 001 | IN1 |
| 010 | IN2 |
| 011 | IN3 |
| 100 | IN4 |
| 101 | IN5 |
| 110 | IN6 |
| 111 | IN7 |

2）8 路模拟输入通道共同使用一个逐次逼近式 A/D 转换器进行转换，在同一时刻只能对采集的 8 路模拟量其中的一路通道进行转换。

3）转换后的 8 位数字量被锁存到三态输出锁存器中，在输出允许的情况下，可以从 8 条数据线 D7～D0 上读出。

（2）引脚功能

ADC0808/ADC0809 芯片有 28 条引脚，采用双列直插式封装，如图 11-14 所示。

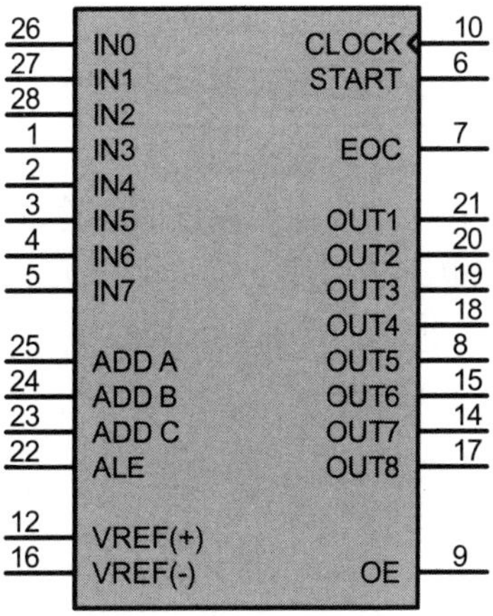

图 11-14　ADC0808/ADC0809 芯片引脚图

各引脚功能如下：

1）IN0～IN7：8 路模拟量输入通道。在工作模块 25 中，我们使用温度检测信号处理电路产生 0～5V 模拟电压输入，通过 IN0 通道进行 A/D 转换。

2）OUT8～OUT1：数据输出线，为三态缓冲输出形式，可以和单片机的数据线直接相连。

3）ADDA、ADDB、ADDC：3 位地址输入线，用于选通 8 路模拟输入中的一路，ADDA 为低位地址，ADDC 为高位地址，通道选择如表 11-3 所示。在工作模块 25 中，我们直接把 A/D 转换器的 ADDA、ADDB、ADDC 接地，选择 IN0 通道。

4）ALE：地址锁存允许信号，输入高电平有效。

5）START：A/D 转换启动脉冲输入端，输入一个正脉冲（至少 100ns 宽）使其启动（脉冲上升沿使 A/D 转换器复位，下降沿启动 A/D 转换）。在工作模块 26 中，A/D 转换器的 START 信号也是开关控制。

6）EOC：A/D 转换结束信号。启动转换后，系统自动设置 EOC=0（转换期间一直为低电平），当 A/D 转换结束时，EOC=1（此端输出一个高电平）。该状态信号既可作为查询的状态标志，又可作为中断请求信号使用。

7）OE：数据输出允许信号，输入高电平有效。当 A/D 转换结束时，此端输入一个高电平，才能打开输出三态门，输出数字量。在工作模块 26 中，A/D 转换器的 OE 信号直接接电源正极。

8）CLOCK：时钟脉冲输入端，时钟频率不高于 640kHz；ADC0809/ADC0808 的内部没有时钟电路，所需时钟信号由外界提供，因此有时钟信号引脚。通常使用频率为 500kHz 的时钟信号。在工作模块 26 中，A/D 转换器的 CLOCK 信号由外部脉冲信号（U8:CLOCK）控制。

9）REF(+)、REF(-)：基准电压；用来与输入的模拟信号进行比较，作为逐次逼近的基准，其典型值为+5V（Vref (+) =+5V，Vref(-) =0V）。

# 11.4 【技能拓展】 DAC0832 数模转换器

D/A 转换器是一种将数字量转换为模拟量输出的器件，用 DAC 表示。

由于实现这种转换的原理和电路结构及工艺技术有所不同，因而出现各种各样的 D/A 转换器。目前，国内外市场已有上百种产品出售，它们在转换速度、转换精度、分辨率以及使用价值上都各具特色。

### 11.4.1 认识 DAC0832

#### 1. 常见的 D/A 转换器

近期推出的 D/A 转换芯片不断将外围器件集成到芯片内部，比如：内部带有参考电压源，大多数芯片有输出放大器、可实现模拟电压的单极性或双极性输出。

但数字－模拟转换部分通常由电阻网络组成，电路形式有：加权电阻网络及 R-2R 电阻网络两种。在"数字电子技术"课程的数模转换部分都有详细介绍，本书在此不加详述，读者可参阅相关著作。下面将以 DAC0832 为例，介绍 D/A 转换器的应用。

**2. DAC0832 主要特性**

DAC0832 是 8 位的 D/A 转换集成芯片。DAC0832 芯片以其价格低廉、接口简单、转换控制容易等优点，在单片机应用系统中得到广泛的应用。D/A 转换器由 8 位输入锁存器、8 位 DAC 寄存器、8 位 D/A 转换电路及转换控制电路构成。DAC0832 的主要特性如下：

（1）分辨率为 7-8 位，即 DAC0832 分辨率是 1/256。数字量的位数越多，分辨率就越高，转换器对输入量变化的敏感程度就越高；

（2）电流稳定时间 1μs；

（3）可单缓冲、双缓冲或直接数字输入；

（4）只需在满量程下调整其线性度；

（5）单一电源供电（+5V～+15V）；

（6）低功耗，20mW。

**3. DAC0832 芯片的内部结构和引脚说明**

（1）DAC0832 内部逻辑结构

DAC0832 芯片内部具有两个分别控制的 8 位数据寄存器，由图 11-15 可见。

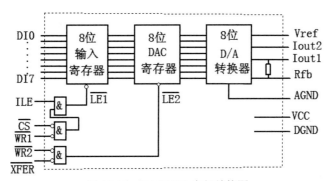

图 11-15　DAC0832 内部结构图

其中，输入寄存器寄存待转换的数据，DAC 寄存器寄存正在转换的数据。芯片的两个数据寄存器相互独立，所以应用很灵活，既可以用于双缓冲方式，也可以用于单缓冲方式，还可接成完全直通的方式。8 位 D/A 转换器的每个输入端的状态可为 0 或 1，8 个输入端可有 $2^8=256$ 个不同的二进制组态，模拟输出端的输出为 256 个电压值之一，输出电压不是整个电压范围内任意值，而是只有 256 个可能电压值。DAC0832 的缺点是片中无运算放大器，内部的 D/A 转换器仍为电流输出，因此需利用片内反馈电阻外接运算放大器才能得到模拟电压输出。

（2）引脚功能

DAC0832 芯片有 20 条引脚，采用双列直插式封装，如图 11-16 所示。

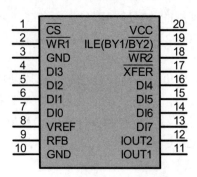

图 11-16　DAC0832 芯片引脚图

其引脚定义如下：

1）DI0～DI7：8 位数据输入线，TTL 电平，有效时间应大于 90ns（否则锁存器的数据会出错）；

2）ILE：数据锁存允许控制信号输入线，高电平有效；

3）$\overline{CS}$：片选信号输入线（选通数据锁存器），低电平有效；

4）$\overline{WR1}$：数据锁存器写选通输入线，负脉冲（脉宽应大于 500ns）有效。由 ILE、$\overline{CS}$、$\overline{WR1}$ 的逻辑组合产生 LE1，当 LE1 为高电平时，数据锁存器状态随输入数据线变换，LE1 的负跳变时将输入数据锁存；

5）$\overline{XFER}$：数据传输控制信号输入线，低电平有效，负脉冲（脉宽应大于 500ns）有效；

6）$\overline{WR2}$：DAC 寄存器选通输入线，负脉冲（脉宽应大于 500ns）有效。由 $\overline{WR1}$、$\overline{XFER}$ 的逻辑组合产生 LE2，当 LE2 为高电平时，DAC 寄存器的输出随寄存器的输入而变化，LE2 的负跳变时将数据锁存器的内容打入 DAC 寄存器并开始 D/A 转换。

7）IOUT1：电流输出端 1，其值随 DAC 寄存器的内容线性变化；

8）IOUT2：电流输出端 2，其值与 IOUT1 值之和为一常数；

9）RFB：反馈信号输入线，改变 RFB 端外接电阻值可调整转换满量程精度；

10）Vcc：电源输入端，Vcc 的范围为+5V～+15V；

11）VREF：基准电压输入线，VREF 的范围为-10V～+10V；

12）AGND：模拟信号地；

13）DGND：数字信号地。

4. DAC0832 的工作方式

DAC0832 可以有三种工作方式：双缓冲、单缓冲、直通数据输入。双缓冲工作方式主要用于多个 DAC0832 同步输出的情况。单缓冲工作方式用于单个 DAC0832 输出的情况，通常把 $\overline{XFER}$ 和 $\overline{WR2}$ 接地，使 DAC 寄存器成为直通，每次对 DAC0832 进行写操作（ILE、$\overline{CS}$ 和 $\overline{WR1}$ 同时有效），使数据直接传递进 DAC 寄存器。直通数据输入方式用于连续数字反馈控制回路中，只要把 ILE 接+5V，$\overline{CS}$、$\overline{WR1}$、$\overline{XFER}$ 和 $\overline{WR2}$ 接地即可。

#### 11.4.2　锯齿波信号发生器设计与实现

利用数模转换器（DAC0832）完成加法计数器 D/A 转换显示，实现锯齿波信号发生器的功能。

1. 锯齿波信号发生器设计

锯齿波信号发生器由加法计数器（74LS161）、脉冲信号（CLOCK）、数模转换器（DAC0832）和运算放大器（741）组成，如图 11-17 所示。脉冲信号（CLOCK）同时送入两片 74LS161 脉冲信号输入端（CLK），并且 U1 进位输出端（RCO）与 U2 的 ENT、ENP 相连，控制 U2 工作状态。U1（低位计数器）、U2（高位计数器）构成了一个 8 位二进制计数器，随着计数脉冲的增加，计数器的输出状态也从 00000000 到 11111111 变化，计数满（111111111）时，又从 00000000 开始。DAC0832 将计数器输出的八位二进制信息转换为模拟电压。当计数器全为"1"时，输出电压 $u_o$=Umax，下一个计数脉冲，计数器全为"0"，输出电压 $u_o$=0。显然，计数器输出从 00000000 到 11111111 变化，数模转换器就有 $2^8$=256 个递增的模拟电压输出，用示波器观察输出波形就是一条锯齿波。

运行 Proteus 软件，新建"锯齿波信号发生器"设计文件。按照图 11-17 所示，放置并编辑集成运放 74LS161、RES、DAC0832、741 等元器件。设计锯齿波信号发生器后，进行电气规则检测。

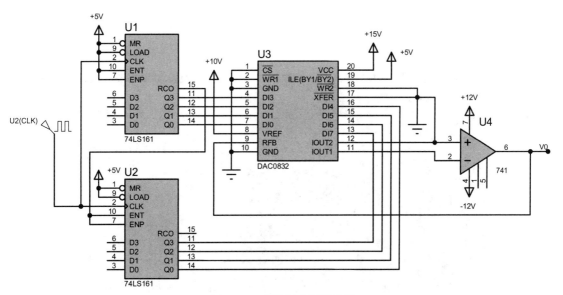

图 11-17　锯齿波信号发生器

2. 锯齿波信号发生器仿真运行调试

（1）运行 Proteus 软件，打开锯齿波信号发生器。

（2）设置 U2（CLK）频率为 10kHz，单击工具栏"运行"按钮 ▶ ，仿真电路如图 11-18 所示。

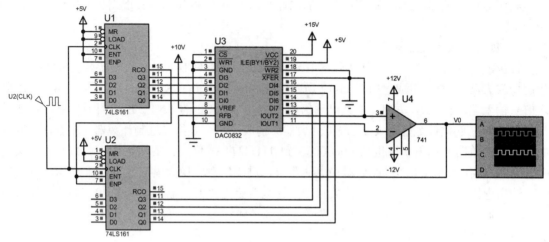

图 11-18 锯齿波信号发生器运行调试

通过示波器可以看出，锯齿波信号发生器能实现输出锯齿波的功能，如图 11-19 所示。其频率 $f_O$ 和计数脉冲频率 $f_{CP}$ 的关系为 $f_O=f_{CP}/256$。因为每 256 个脉冲，计数器输出从 00000000 到 11111111 变化一次，输出模拟电压从 0 到 $U_{max}$ 变化一次，所以二者具有上述关系。通过运行调试可以看出，芯片 DAC0832 能够将输入的二进制数字转换为对应的电压量显示出来，也就是说，通过上述电路完成了数字量和模拟量之间的转换。

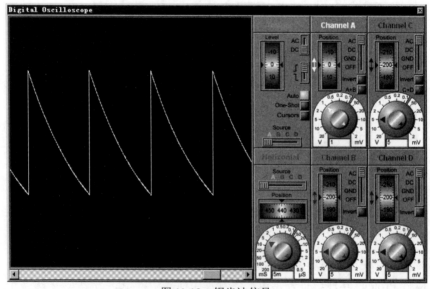

图 11-19 锯齿波信号

**关键知识点小结**

1．PT100 温度传感器

（1）PT100 特性

铂电阻温度传感器产品采用日本林电工 HAYASHI DENKO 原装薄膜铂电阻元件精心制作而成，金属铂（Pt）的电阻值随温度变化而变化，并且具有很好的重现性和稳定性。目前市场上已有用金属铂制作成的标准测温热电阻，如 PT100、PT500、PT1000 等。

铂电阻温度传感器精度高，稳定性好，可靠性强，应用温度范围广，适用于工业自动化测量及各种实验仪器仪表，是中低温区（-200～650℃）最常用的一种温度检测器，不仅广泛应用于工业测温，而且被制成各种标准温度计（涵盖国家和世界基准温度）供计量和校准使用。

（2）PT100 分度表

通常使用的铂电阻温度传感器 PT100 零度阻值为 100Ω，电阻变化率为 0.3851Ω/℃。即表示它在 0℃时阻值为 100Ω，在 100℃时阻值约为 138.5 Ω，它的阻值会随着温度上升而呈近似匀速的增长，但它们之间的关系并不是简单的正比关系，而更应该趋近于一条抛物线，不同温度值下传感器阻值之间的关系详见 PT100 分度表。

（3）PT100 接线方式

PT100热电阻接线主要有三种方式：二线制，三线制，四线制。

1）二线制：在热电阻的两端各连接一根导线来引出电阻信号的方式叫二线制，这种引线方法很简单，但由于连接导线必然存在引线电阻 r，r 大小与导线的材质和长度的因素有关，因此这种引线方式只适用于测量精度较低的场合。

2）三线制：在热电阻的根部的一端连接一根引线，另一端连接两根引线的方式称为三线制，这种方式通常与电桥配套使用，可以较好地消除引线电阻的影响，是工业过程控制中最常用的方式。

3）四线制：在热电阻的根部两端各连接两根导线的方式称为四线制，其中两根引线为热电阻提供恒定电流 I，把 R 转换成电压信号 U，再通过另两根引线把 U 引至二次仪表。可见这种引线方式可完全消除引线的电阻影响，主要用于高精度的温度检测。

（4）PT100 检测方式

运用恒流源电路，将恒流源通过温度传感器，使得电压输出与电阻成良好的线性关系，温度传感器两端的电压即反映温度的变化。采用价格低廉的运放为核心来构成恒流源电路，恒流效果十分理想。

## 2. A/D 转换器 ADC0808/0809

目前最常用的 A/D 转换器是双积分式 A/D 转换器和逐次逼近式 A/D 转换器。前者的主要优点是转换精度高，抗干扰性能好，价格便宜，但转换速度较慢，一般用于速度要求不高的场合。后者是一种速度较快、精度较高的转换器，其转换时间大约在几微秒到几百微秒之间。逐次逼近式 A/D 转换器在精度、速度和价格上比较适中，是目前最常用的 A/D 转换器。

单片集成逐次逼近式 A/D 转换器芯片主要有：ADC0801～0805（8 位，单通道输入），ADC0808/0809（8 位，8 输入通道），ADC0816/0817（8 位，16 输入通道）等。

ADC0808/0809 是美国国家半导体（NS）公司生产的逐次逼近式 A/D 转换器，是目前单片机应用系统中使用最广泛的 A/D 转换器。ADC0809 主要特性有以下几个方面：

1）8 路 8 位 A/D 转换器，即分辨率 8 位；

2）具有转换起停控制端；

3）转换时间为 100μs；

4）单个+5V 电源供电；

5）模拟输入电压范围 0～+5V，不需零点和满刻度校准；

6）工作温度范围为-40～+85 摄氏度；

7）低功耗，约 15mW。

## 3. 数模转换 DAC0832

DAC0832 是 8 位的 D/A 转换集成芯片。DAC0832 芯片具有价格低廉、接口简单、转换控制容易等优点。D/A 转换器由 8 位输入锁存器、8 位 DAC 寄存器、8 位 D/A 转换电路及转换控制电路构成。

## 4. DAC0832 有三种工作方式

DAC0832 可以有三种工作方式：双缓冲、单缓冲、直通数据输入。双缓冲工作方式主要用于多个 DAC0832 同步输出的情况。单缓冲工作方式用于单个 DAC0832 输出的情况，通常把 $\overline{\text{XFER}}$ 和 $\overline{\text{WR2}}$ 接地，使 DAC 寄存器成为直通，每次对 DAC0832 进行写操作（ILE、$\overline{\text{CS}}$ 和 $\overline{\text{WR1}}$ 同时有效），使数据直接传递进 DAC 寄存器。直通数据输入方式用于连续数字反馈控制回路中，只要把 ILE 接+5V，$\overline{\text{CS}}$、$\overline{\text{WR1}}$、$\overline{\text{XFER}}$ 和 $\overline{\text{WR2}}$ 接地即可。

 问题与讨论

6-1  填空题

（1）ADC0808 是_____通道 8 位_____。DAC0832 是_____位 D/A 转换器。

（2）D/A 转换的作用是将_____量转换为_____量。

（3）ADC0808 的参考电压为+5V，则分辨率为_____V。

（4）DAC0832 利用_____控制信号可以构成三种不同的工作方式。

6-2　A/D 和 D/A 转换器的作用分别是什么？各在什么场合下使用？

6-3　决定 ADC0808 模拟电压输入路数的引脚有哪几条？

6-4　试述 ADC0808 的特性。

6-5　简述 DAC0832 的用途和特性。

6-6　改变图 11-18 输入脉冲 CP 的频率，观察输出波形的频率变化，改变 DAC0832 第 8 脚 VREF 的大小，观察输出波形的幅值变化情况？

# 参考文献

[1] 张永生. 数字电路. 合肥：安徽大学出版社，2006.

[2] 林春芳. 数字电子技术. 合肥：安徽大学出版社，2006.

[3] 于晓平. 数字电子技术. 北京：清华大学出版社，2007.

[4] 陈永埔. 数字电路基础及快速识图. 北京：人民邮电出版社，2006.

[5] 陈洪明. 电子技术基础数字部分. 北京：中国建材出版社，2004.

[6] 郑步生. Multisim2001 电路设计及仿真入门与应用. 北京：电子工业出版社，2003.

[7] 高吉祥. 数字电子技术. 北京：电子工业出版社，2003.

[8] 熊伟等. Multisim7 电路设计及仿真应用. 北京：清华大学出版社，2005.

[9] 王树昆. 数字电子技术基础. 北京：中国电力出版社，2007.

[10] 罗中华. 数字电路与逻辑设计教程. 北京：电子工业出版社，2006.

[11] 邓木生. 数字电子电路分析与应用. 北京：高等教育出版社，2008.

[12] 谢自美. 电子线路设计·实验·测试. 武汉：华中科技大学出版社，2006.